ÉTUDE CHIMIQUE

DES

EAUX MINÉRALES DE LAMALOU

Extrait des Mémoires de l'Académie des Sciences et Lettres de Montpellier.

(Section de Médecine.)

MONTPELLIER, TYPOGRAPHIE DE BOEHM ET FILS.

ÉTUDE CHIMIQUE

DES

EAUX MINÉRALES

DE

LAMALOU

(HÉRAULT)

PAR

ALBERT MOITESSIER

PROFESSEUR-AGRÉGÉ ET CHEF DES TRAVAUX CHIMIQUES A LA FACULTÉ
DE MÉDECINE DE MONTPELLIER
LICENCIÉ ÈS-SCIENCES PHYSIQUES
MEMBRE DE L'ACADÉMIE DES SCIENCES ET LETTRES DE MONTPELLIER, ETC.

Tales sunt aquæ qualis terra est
per quam fluunt.
PLINE.

PARIS
A. DELAHAYE, LIBRAIRE, PLACE DE L'ÉCOLE DE MÉDECINE
MONTPELLIER
PATRAS, LIBRAIRE, RUE DU GOUVERNEMENT
—
JANVIER 1861

ÉTUDE CHIMIQUE

DES

EAUX DE LAMALOU

––––◦––––

CHAPITRE I.

CONSIDÉRATIONS GÉNÉRALES SUR LAMALOU.

Dans la portion de la chaîne des Cévennes qui sépare le département de l'Hérault de ceux du Tarn et de l'Aveyron, se trouve la vallée de Lamalou. Située sur le versant méridional de ces montagnes, cette petite vallée, qui mesure à peine quatre kilomètres de longueur sur un demi-kilomètre de largeur, est baignée au Sud par la rivière d'Orb, tandis que les dernières ramifications des pics de Caroux et de Lespinouse l'entourent dans les autres directions ; un petit ruisseau, connu sous le nom de ruisseau de Lamalou, la parcourt dans toute sa longueur et vient se jeter dans l'Orb après un trajet assez court. C'est dans cette gorge étroite que jaillissent les nombreuses sources minérales qui font de Lamalou une des stations thermales les plus riches et les plus importantes.

Les premières applications médicales des eaux de Lamalou paraissent remonter au xviie siècle [1]. En 1640, un paysan des environs, atteint de douleurs articulaires fort aiguës, aurait été guéri par l'action de ces eaux, et cette cure merveilleuse n'aurait pas tardé à appeler l'attention des malades et des médecins sur l'efficacité de ces bains. Vers le milieu du xviiie siècle, on voit se créer les premiers rudiments d'un établissement qui existe encore aujourd'hui, et le succès toujours croissant de ces thermes n'a pas tardé à provoquer de la part des propriétaires voisins de nombreux sondages qui ne sont jamais restés sans résultats : un grand nombre de sources nouvelles ont été découvertes et alimentent des établissements distincts ; plusieurs autres, qui apparaissaient spontanément à la surface du sol, ont reçu d'utiles applications ; d'autres, enfin, restent encore inexploitées.

Les diverses sources de Lamalou se trouvent groupées autour de trois centres principaux, connus aujourd'hui sous le nom de Lamalou-le-Bas, Lamalou-le-Centre ou Capus, et Lamalou-le-Haut ; chacune de ces stations principales compte elle-même plusieurs sources jouissant de propriétés différentes, quoique présentant entre elles de grandes analogies, au point de vue de leur composition chimique. Enfin, sur la rive gauche de la rivière d'Orb, on rencontre encore une autre source minérale, celle de Lavernière, qui paraît avoir une origine assez ancienne et qui se rattache naturellement à celles dont nous venons de parler.

---

[1] Dupré ; *Observations sur l'action générale des eaux de Lamalou,* 1842.

La constitution géologique du vallon de Lamalou est très-simple et très-nette : le bas-fond de la vallée est formé par des schistes talqueux appartenant aux terrains de transition, et supportant partout les marnes irisées des terrains secondaires inférieurs. A Lavernière et à Lamalou-le-Bas, par exemple, on ne voit guère que des marnes irisées ; mais en s'avançant vers le Nord, on ne tarde pas à les trouver à Capus au contact des schistes, et le rapport devient plus évident encore à Lamalou-le-Haut. Ces marnes irisées s'étendent à l'Ouest à une très-grande distance, et vont retrouver les pics de Caroux et de Lespinouse ; au Nord, elles enveloppent Lamalou-le-Haut et vont rejoindre les terrains houilliers de Saint-Gervais ; à l'Est, elles sont immédiatement recouvertes par le calcaire jurassique qui se développe vers Bédarieux.

Les schistes siluriens dont nous venons de parler sont sillonnés par des filons quartzeux dans lesquels se montrent un grand nombre d'imprégnations métalliques. C'est surtout à Lamalou-le-Haut que leur présence devient plus évidente ; on y trouve, en effet, de nombreux minerais de cuivre et de fer, et on y voit encore plusieurs galeries de mines, restes d'anciennes exploitations de plomb argentifère qui paraissent avoir été l'origine première de la découverte des sources minérales.

Là ne se borne pas la richesse minéralogique du pays ; d'abondantes mines de cuivre existent à une petite distance de Lamalou. Celles de Saint-Gervais fournissent des chalcopyrites ; celles de Neffiès des cuivres gris. Ces mêmes minerais se retrouvent aussi près d'Hérépian, à une petite distance de la station thermale qui nous occupe, et l'on voit dans un rayon de quelques kilomètres plusieurs riches filons de manganèse, de fer sulfuré, de galène, etc., que l'on pourrait avantageusement exploiter.

Enfin, les calcaires jurassiques, qui se montrent vers la limite orientale de la gorge de Lamalou, contiennent de nombreux amas de dolomies et de serpentine; tandis que les marnes irisées offrent de riches gisements de gypse, de sulfate de baryte, etc.

Les données nous manquent pour définir d'une manière précise le climat de Lamalou; quelques observations météorologiques ont cependant été faites par M. le professeur Dupré [1] en 1840, et par le docteur Privat [2] depuis 1850 jusqu'en 1857. Nous avons établi, d'après ces observations, les moyennes suivantes pour la température de Lamalou :

Janvier...........................	6,4
Février...........................	5,2
Mars.............................	9,0
Avril.............................	14,9
Mai..............................	17,0
Juin.............................	22,9
Juillet...........................	24,8
Août............................	25,5
Septembre........................	19,8
Octobre..........................	16,5
Novembre........................	11,1
Décembre	7,1

La hauteur moyenne du baromètre est de 746^{mm} en-

---

[1] Dupré; *loc. cit.*

[2] Privat; *Notice statistique et médicale sur Lamalou-les-Bains*, 1858.

viron. Nous avons fait, pendant le mois de septembre 1860, une série d'observations barométriques d'après lesquelles nous avons calculé l'altitude de la vallée de Lamalou ; la moyenne des déterminations [1] nous a donné une élévation de 170 mètres au-dessus du niveau de la mer.

Le vent qui domine dans la contrée est le nord-ouest ; le sud-est y amène ordinairement la pluie. Nous n'avons aucune donnée sur la quantité d'eau qui tombe annuellement à Lamalou ; d'après les observations du docteur Privat [2], il y aurait une moyenne de 42 jours de pluie par an.

Enfin, nous devons, en terminant ces vues générales sur le vallon de Lamalou, donner ici une énumération des diverses sources minérales que l'on y trouve, ou du moins de celles qui sont actuellement exploitées ou qui pourraient l'être avec avantage. Parmi ces sources, les unes ont des températures suffisamment élevées et sont assez abondantes pour être employées en bains ; d'autres, d'une température relativement plus basse, ne donnent qu'un volume d'eau peu considérable et ne sont exploitées que comme buvettes. Nous donnons ci-après le nom des sources que nous avons étudiées ; on trouvera plus loin le résultat des expériences que nous avons effectuées sur chacune d'elles.

---

[1] Nos observations ont été comparées à des observations faites aux mêmes heures à Montpellier, à l'observatoire de la Faculté des sciences.

[2] Privat ; *loc. cit.*

	Lavernière (buvette).
Lamalou-le-Bas....	Grande source des bains. Petite source (buvette). Source Cardinal (buvette).
Lamalou-le-Centre.	Capus (buvette). Buvette Bourges (buvette). Bains du Capus.
Lamalou-le-Haut...	Source tempérée (bains). Source chaude (bains). Petit-Vichy ou La Veyrasse (buvette). Source de la Mine (buvette).

Outre les sources que nous venons d'indiquer, plusieurs autres se perdent sans avoir jamais été exploitées ; d'autres, qui ne fournissaient pas un volume d'eau assez considérable, ont été abandonnées. C'est ainsi que, dans le petit ruisseau qui coule de l'Ouest à l'Est, à Lamalou-le-Centre, jaillissent quelques filets d'eau minérale très-ferrugineuse, qui se perdent dès leur origine. De même, à Lamalou-le-Haut, on trouve les restes d'un ancien établissement thermal dont les sources se mêlent aujourd'hui au ruisseau de Lamalou, et on voit suinter dans quelques anciennes galeries de mines plusieurs filets peu abondants qui n'ont jamais reçu aucune application.

CHAPITRE II.

EXPOSÉ DES MÉTHODES ANALYTIQUES.

Avant d'exposer les résultats des analyses que nous avons faites des diverses sources de Lamalou, nous croyons utile de faire connaître avec quelques détails les procédés analytiques que nous avons employés, la marche adoptée dans ce travail étant en plusieurs points différente de celle qui est généralement suivie dans l'étude des eaux minérales. Les progrès récents de l'analyse chimique ne nous permettaient plus, en effet, d'employer pour la séparation et le dosage de certains corps, les anciennes méthodes souvent entachées de graves erreurs, que nous avons cherché à éloigner autant que possible, par l'emploi de nouveaux moyens plus rigoureux. Mais la plupart de ces procédés n'étant encore publiés que dans les mémoires originaux, il nous a paru indispensable de les décrire ici en détail, afin que les résultats des analyses que nous exposerons plus loin puissent être discutés ou comparés à ceux que l'on a obtenus avant nous.

Les nombreuses sources qui jaillissent dans le vallon de Lamalou sont remarquables, comme on le verra plus loin, par les analogies que présente leur composition chimique. Les différences que l'on remarque sont même quelquefois si légères, qu'on ne saurait douter d'une commune origine pour plusieurs d'entre elles. Cette circonstance a rendu notre travail plus facile, en nous permettant

d'adopter, pour l'analyse des onze sources que nous avons
étudiées, une marche uniforme qui n'a eu à subir que des
modifications sans importance.

La méthode générale d'analyse quantitative a été appliquée dans toute sa rigueur à ces recherches, comme si
tous les acides et toutes les bases que l'on trouve dans la
nature existaient simultanément dans les eaux de Lamalou.
Cette marche, plus longue en apparence que celle que l'on
suit généralement, a du moins l'avantage de ne rien laisser
échapper à l'analyse, et dispense des essais qualitatifs pré-
liminaires, qui ne donnent souvent que des indications
incomplètes sur la nature des substances que l'on aura plus
tard à doser.

L'analyse des concrétions et des sédiments déposés par
les eaux a également été faite avec le plus grand soin;
car, bien que cette étude n'ait pas, au point de vue médical,
un intérêt aussi direct que celle de l'eau elle-même, elle n'en
a pas moins une très-grande importance, en nous faisant
connaître d'une manière plus exacte la constitution de l'eau
géologique. C'est ainsi que nous avons pu mettre en évidence l'existence de certains principes dont la proportion
est trop faible pour être reconnue dans les eaux elles-
mêmes, mais qui, en s'accumulant dans les concrétions
calcaires, sont devenues parfaitement appréciables à nos
moyens d'investigation. Tels sont le cobalt, le nickel, le
zinc, etc., dont nous n'avons pu démontrer la présence
dans les eaux en opérant même sur des volumes assez
considérables, et qui existent en proportion notable dans
les sédiments des mêmes sources.

Parmi les principes que nous avions à rechercher dans

les eaux de Lamalou, les uns y existent en proportion relativement considérable, et peuvent être dosés avec exactitude sur un volume d'eau de deux à trois litres : tels sont la silice, la chaux, la magnésie, les alcalis. Une analyse spéciale a été consacrée à la recherche de ces diverses substances, qui ont été dosées successivement dans la même expérience. D'autres principes s'y trouvent en quantité beaucoup plus faible et exigent, pour leur détermination, un volume d'eau beaucoup plus considérable : tels sont le cuivre, l'arsenic, l'acide phosphorique, le fer, l'alumine, qui ont été dosés sur 10 litres d'eau au moins ; souvent même nous avons dû, pour arriver à quelque exactitude, opérer sur le résidu de l'évaporation de 20 ou 30 litres. Enfin, pour ne pas compliquer l'analyse, on a, pour la recherche du chlore, de l'iode, des acides sulfurique, borique, etc., consacré spécialement une certaine quantité d'eau à la détermination de chacun de ces corps.

De même, dans l'analyse des sédiments, la quantité de substance employée a dû varier avec la proportion relative des principes que nous recherchions ; et, tandis qu'un poids de quelques grammes suffisait pour le dosage de la chaux ou du fer, nous avons dû opérer sur des masses de 200 à 300 grammes, pour démontrer la présence du cobalt ou du nickel, par exemple.

Enfin, les gaz tenus en dissolution dans l'eau ont également été l'objet d'une étude spéciale, qui a été faite aux sources mêmes, afin d'éviter les erreurs qu'aurait pu occasionner le transport des eaux. Quant aux gaz spontanément émis par les sources de Lamalou, il est à regretter que l'aménagement de la plupart d'entre elles ne se prête pas aux

recherches de ce genre. Une seule nous a permis de nous
livrer à cet examen. Nous ferons connaître plus loin les
procédés et les appareils que nous avons employés dans
cette étude.

I. Recherches des substances dosables sur un petit volume d'eau[1].

Silice. — L'eau, préalablement acidulée par l'acide
chlorhydrique, a été évaporée à siccité, et le résidu légèrement calciné a été repris par le même acide. On a recueilli
sur un filtre et pesé la silice devenue insoluble ; la liqueur
filtrée a servi au dosage des corps suivants :

Fer. — Les eaux minérales de Lamalou ne contiennent
généralement pas assez de fer pour qu'il soit possible de
le doser avec exactitude sur trois litres d'eau. Sa proportion
est, en effet, trop faible pour qu'on puisse le précipiter
par le succinate d'ammoniaque, et l'emploi de l'ammoniaque
caustique donne lieu à une erreur relativement considérable,
en précipitant en même temps une partie de la chaux. Pour
ces motifs, nous avons préféré doser ensemble la chaux et
le fer, et corriger ensuite le nombre trouvé pour la chaux,
en déduisant le fer déterminé dans une autre expérience.

Chaux. — Dans la liqueur acide précédente, rendue
alcaline par de l'ammoniaque, on a versé un excès d'oxalate
d'ammoniaque. Le précipité formé a été recueilli sur un
filtre, et on l'a pesé après avoir transformé l'oxalate de
chaux en carbonate par la calcination.

[1] La plupart de ces analyses ont été effectuées sur trois litres d'eau.

Le poids trouvé par l'expérience a dû subir une correction, avant de pouvoir servir à calculer la quantité de chaux. Le précipité renfermait, en effet, après l'incinération, outre du carbonate de chaux, du peroxyde de fer et du phosphate de chaux dont il fallait tenir compte, quoiqu'ils s'y trouvent en assez faible proportion. On a donc retranché de ce poids celui du sesquioxyde de fer et du phosphate de chaux correspondant à l'acide phosphorique trouvé dans une autre expérience. Le reste a été transformé par le calcul en chaux, à laquelle on a dû toutefois ajouter celle qui appartenait au phosphate de chaux.

Magnésie. — La liqueur filtrée renfermait la magnésie et les alcalis, plus des sels ammoniacaux introduits par les réactifs. On a commencé par chasser ceux-ci par la calcination, et le résidu, repris par l'eau, a été additionné de baryte caustique en excès, qui a précipité toute la magnésie, ainsi que l'acide sulfurique qui pouvait exister normalement dans l'eau analysée.

Le précipité, recueilli sur un filtre, a été traité, sur le filtre même, après un lavage complet, par de l'acide sulfurique étendu, qui n'a dissous que la magnésie. Celle-ci a été de nouveau précipitée par le phosphate de soude ammoniacal, et dosée en suivant les précautions d'usage.

Potasse. Soude. — Le liquide filtré après la précipitation de la magnésie par la baryte, renfermait les alcalis, en partie à l'état caustique, en partie à l'état de chlorures. Après avoir éliminé l'excès de baryte par du carbonate d'ammoniaque, on a évaporé à sec en présence d'un léger excès d'acide chlorhydrique; le résidu, débarrassé par la calcination des sels ammoniacaux, ne renfermait plus que la somme des chlorures alcalins. Après en avoir déterminé le poids, on a effectué la séparation de la potasse et de la soude par le bichlorure de platine.

Dans la plupart des cas, on a contrôlé les résultats fournis par le chlorure de platine, en calculant la quantité de potasse et de soude (dans une seconde analyse) par la méthode indirecte. Il suffisait, en effet, de doser le chlore contenu dans la somme des chlorures, pour avoir tous les éléments du calcul. Les résultats fournis par ces deux procédés ont toujours été parfaitement concordants.

Acide sulfurique. — Le dosage de cet acide a été effectué sur trois litres d'eau. Après avoir complètement éliminé la silice, on a dosé l'acide sulfurique, à l'état de sulfate de baryte, en suivant la méthode ordinaire.

Les eaux de lavage n'ont servi à la recherche d'aucun autre corps.

Acide chlorhydrique. — On a employé, pour la recherche de l'acide chlorhydrique, un volume d'eau de trois litres qui, après évaporation à siccité, a été acidifié par l'acide nitrique. On a filtré pour séparer la silice, et le chlore a été précipité par le nitrate d'argent. Le précipité de chlorure d'argent a été recueilli sur un filtre et pesé avec les précautions d'usage.

Nous nous sommes assuré, par quelques essais comparatifs, qu'il n'y avait pas de perte d'acide chlorhydrique due à la décomposition partielle du chlorure de magnésium,

qui aurait pu existe normalement dans l'eau ; nous avons,
en effet, dans plusieurs dosages de chlore, ajouté de la
potasse caustique pendant l'évaporation de l'eau ; les résultats ont été complètement identiques aux précédents.

Acide carbonique. — Tous les dosages d'acide carbonique ont été préparés avec le plus grand soin à la source
même. Un demi-litre d'eau, exactement mesuré, a été
versé immédiatement dans un flacon contenant un excès
d'une solution limpide de chlorure de baryum ammoniacal.
Ce flacon a ensuite été rempli avec de l'eau distillée, et
parfaitement bouché. Tout l'acide carbonique, libre ou
combiné, se trouvait ainsi dans le précipité formé, à l'état
de carbonate insoluble. Après un repos de plusieurs jours
dans notre laboratoire, ce précipité a d'abord été lavé par
décantation ; on l'a ensuite recueilli sur un filtre, et, après
un lavage complet, on en a déterminé le poids.

Une portion du précipité a été traitée par de l'acide
sulfurique dans un appareil taré ; l'opération a été conduite avec les précautions d'usage. La perte de poids de
l'appareil indiquait la quantité d'acide carbonique correspondant au poids du précipité employé. On a ensuite déterminé par le calcul la proportion de cet acide contenue dans
un litre d'eau.

Détermination du résidu fixe. — La quantité de résidu
fixe laissée par l'évaporation d'une eau minérale, constitue
une donnée importante, en ce qu'elle peut servir de contrôle à l'analyse, comme on le verra plus loin. Cette détermination a été faite sur un litre d'eau que l'on a évaporé

au bain-marie dans une capsule de platine. Le résidu de l'évaporation a été calciné à une température de deux à trois cents degrés, et pesé après refroidissement dans l'air sec.

Après la pesée, on a essayé de chauffer ces résidus à une température voisine du rouge ; ils ont pris une couleur grisâtre due à la carbonisation d'une petite quantité de matière organique. Cette matière organique existait toutefois en trop faible proportion, pour qu'on puisse en déterminer le poids par différence sur un aussi petit volume d'eau, et nous avons dû nous borner à en constater l'existence.

II. RECHERCHE DES SUBSTANCES CONTENUES EN PETITE QUANTITÉ DANS LES EAUX DE LAMALOU.

La recherche des substances contenues ou supposées contenues en très-petite quantité dans les eaux de Lamalou, exigeait nécessairement une analyse effectuée sur de grandes quantités de liquide. Il est même des principes dont nous n'avons pu constater la présence, quoique nous soyons intimement convaincu de leur existence dans les eaux qui nous occupent ; le cobalt et le nickel, par exemple, que nous avons trouvés dans les sédiments, n'ont pu être décelés dans les eaux, même en opérant sur les résidus d'évaporation de volumes considérables ; mais il n'est pas douteux qu'en surmontant les difficultés matérielles qu'entraîne cette étude, on ne parvienne à retrouver dans les eaux elles-mêmes toutes les matières dont on peut constater l'existence dans les concrétions ou les sédiments qu'elles laissent déposer.

Le volume d'eau sur lequel nous avons effectué ces recherches, a varié entre 10 et 30 litres, selon les sources. L'eau a d'abord été évaporée à siccité en présence d'un léger excès d'acide chlorhydrique. On a ensuite séparé par le filtre la silice, qui aurait pu gêner dans les opérations ultérieures. Avec la silice, pouvaient également se trouver de la baryte et de la strontiane à l'état de sulfate, ainsi que de l'argent à l'état de chlorure ; nous parlerons plus loin de la recherche de ces diverses substances.

La liqueur acide a d'abord été traitée par l'acide sulfureux, afin de réduire au minimum le fer et l'arsenic. Après avoir chassé, par l'ébullition, l'acide sulfureux en excès, nous avons soumis le liquide à l'action d'un courant d'hydrogène sulfuré, dans le but de séparer tous les métaux des quatrième et cinquième groupes. Ce réactif a constamment donné naissance à un précipité jaune brunâtre qui a été recueilli sur un filtre ; la liqueur filtrée renfermait tous les métaux des trois premiers groupes.

Examen du précipité produit par l'hydrogène sulfuré. — Le précipité produit par l'hydrogène sulfuré pouvait contenir tous les métaux du quatrième et du cinquième groupe ; il a d'abord été lavé sur le filtre où on l'avait recueilli, avec une dissolution de sulfure de sodium, afin de séparer les métaux du cinquième groupe (arsenic, étain, antimoine, etc.) de ceux du quatrième (cuivre, plomb, bismuth, etc.). Ce réactif a constamment laissé sur le filtre une faible portion insoluble, dans laquelle il a toujours été facile de déceler la présence du cuivre ; mais nous n'avons pu, par les recherches les plus minutieuses, y démontrer l'existence d'aucun autre métal du groupe du cuivre. Ce dernier, au contraire, quoique en trop faible proportion pour être dosé, a pu être caractérisé avec la plus grande facilité. Il a suffi de dissoudre, dans l'acide nitrique, la portion des sulfures insolubles dans le sulfure de sodium; la dissolution nitrique nous a toujours fourni *très-nettement*, avec l'ammoniaque et le ferro-cyanure de potassium, les réactions caractéristiques du cuivre. La présence de ce métal dans les eaux minérales paraît d'ailleurs plus fréquente qu'on ne le croit généralement. Signalé d'abord par Hoffmann [1], il a plus tard été retrouvé par Berzélius; M. Filhol indique sa présence dans les sédiments ferrugineux que déposent les sources des Pyrénées; Bunsen a démontré son existence dans les eaux de Bade, et tout récemment M. Béchamp a pu en retrouver des quantités relativement considérables dans les eaux de Balaruc (Hérault) [2], dans celles de Bourbonne et dans plusieurs autres. Nous avons pu nous-même constater la présence de ce métal dans les eaux d'Andabre, dans les eaux sulfureuses de Fonsange, dans celles de Vals, etc.

Dans la portion du précipité dissoute par le sulfure de sodium, on a recherché l'arsenic, l'étain et l'antimoine; nous n'avons jamais trouvé que la première de ces trois substances, qu'il a été facile de mettre en évidence par l'appareil de Marsh. Nous avons constamment obtenu avec cet appareil des anneaux assez étendus d'arsenic, que nous avons essayé de peser sur une balance très-sensible, pou-

---

[1] Hoffmann; *Dissertatio physico-medica*, 1708.
[2] Béchamp; *Comptes-rendus de l'Académie des sciences*, 6 août 1860.

vant accuser facilement le dixième de milligramme ; toutefois, malgré la perfection des appareils dont nous avons pu disposer, nous n'oserions accorder aux résultats de nos pesées qu'une confiance relative. La quantité d'arsenic ne s'est, en effet, jamais élevée à plus de 2 milligrammes, et l'on conçoit sans peine que les moindres variations dans la température et l'état hygrométrique de l'atmosphère puissent influencer d'une manière notable de semblables déterminations. En prenant la moyenne de plusieurs expériences, nous avons cru pouvoir évaluer à 1 milligramme le poids de l'anneau arsenical provenant de 10 litres d'eau. Il est d'ailleurs remarquable que, sur onze sources que nous avons étudiées, nous avons toujours obtenu des anneaux d'arsenic sensiblement identiques (en opérant sur le même volume d'eau) ; et, quoiqu'un certain nombre seulement aient été pesés, nous pensons nous rapprocher assez de la vérité, en évaluant pour chaque source la proportion d'arsenic à un dixième de milligramme par litre d'eau.

Nous n'avons pas décrit ici le détail des procédés employés pour la recherche des métaux des quatrième et cinquième groupes, qui n'a donné que des résultats négatifs ; la méthode que nous avons suivie sera exposée plus loin, à propos de l'analyse des sédiments.

Examen de la liqueur. — Dans le liquide séparé par le filtre du précipité produit par l'hydrogène sulfuré (pag. 19), pouvaient exister tous les métaux du troisième groupe (fer, manganèse, nickel, cobalt, alumine, etc.), ainsi que de l'acide phosphorique, les métaux terreux et les alcalis.

Après avoir chassé par l'ébullition l'excès d'acide sulfhydrique et oxydé le fer par l'acide nitrique, on a ajouté à la
liqueur de l'ammoniaque en léger excès. Le précipité produit par ce réactif pouvait contenir du fer, de l'acide phosphorique et de l'alumine. Tous les autres métaux de la
troisième section (manganèse, nickel, cobalt, zinc), qui
ne pouvaient d'ailleurs exister qu'en très-petite proportion,
devaient se trouver aussi dans le même précipité entraînés
par le fer ; on les a également recherchés dans le liquide
surnageant qui renfermait les métaux terreux et les alcalis.

Acide phosphorique. — La séparation de cet acide
d'avec le fer et l'alumine constituait un des problèmes les
plus délicats de l'analyse chimique, avant que la science
possédât la nouvelle méthode proposée par M. Chancel[1].
Cette méthode, aussi simple dans son exécution que rigoureuse dans ses résultats, consiste à précipiter, par le nitrate
de bismuth, l'acide phosphorique dans une liqueur contenant de l'acide nitrique libre après avoir réduit le fer au
minimum. Cette méthode a été appliquée à la recherche
de l'acide phosphorique dans les eaux de Lamalou.

Le précipité produit par l'ammoniaque a été recueilli sur
un filtre, lavé et redissous par une petite quantité d'acide
azotique. Dans cette dissolution, on a réduit le fer au
minimum par un courant d'hydrogène sulfuré, dont on
a ensuite chassé l'excès par un courant suffisamment prolongé d'acide carbonique. On a ensuite séparé la petite
quantité de soufre produite par l'action de l'hydrogène

[1] Chancel; *Comptes-rendus de l'Académie des sciences,* 27 février et
3 décembre 1860.

sulfuré, et traité la liqueur par un léger excès de nitrate
acide de bismuth, qui a produit un précipité blanc cris-
tallin de phosphate de bismuth. Du poids de ce produit
on a déduit la quantité d'acide phosphorique. Nous avons
ensuite, après la pesée, constaté les réactions caractéristiques de cet acide. Nous avons; pour cela, mis en sus-
pension dans l'eau le phosphate de bismuth, et l'avons
soumis à l'action d'un courant de gaz sulfhydrique, qui
n'a pas tardé à déplacer l'acide phosphorique. Il nous a
toujours été facile d'obtenir très-nettement la réaction caractéristique du molybdate d'ammoniaque et même celle
du nitrate d'argent.

Nous devons dire toutefois que, dans quelques-unes des
sources que nous avons examinées, nous n'avons trouvé
que des traces indosables d'acide phosphorique, en opérant
sur 20 litres d'eau.

Alumine. — Après avoir éliminé l'acide phosphorique
de la dissolution nitrique précédente, nous avons dû y
rechercher l'alumine. L'excès de bismuth a d'abord été
précipité par l'hydrogène sulfuré, et l'alumine a ensuite été
séparée du fer par l'hyposulfite de soude [1]. A cet effet, nous
avons d'abord ajouté à la liqueur un léger excès de chlor-
hydrate d'ammoniaque, afin de la rendre acide par l'acide
chlorhydrique, et nous l'avons ensuite traitée par l'hyposulfite de soude. Le précipité produit par ce réactif devait
contenir l'alumine mélangée à du soufre provenant de la
décomposition d'une partie de l'hyposulfite. Ce mélange,

[1] Chancel; Analyse quantitative.

recueilli sur un filtre, a été calciné et pesé. Nous n'avons jamais trouvé, malgré la sensibilité de ce procédé, que de très-petites quantités d'alumine dans les eaux de Lamalou, et souvent même nous n'avons pu en déceler la moindre trace.

L'alumine est signalée par plusieurs chimistes dans quelques-unes des sources de Lamalou où nous n'avons pu la rencontrer. Il ne nous paraît pas douteux que ce fait ne soit la conséquence d'une erreur d'ailleurs facile à commettre, et que cette substance n'ait été confondue avec du phosphate de chaux, qui présente des réactions à peu près identiques. Cette erreur est d'autant plus probable, que l'acide phosphorique n'a pas été indiqué dans quelques sources où il existe cependant en proportion appréciable. La séparation de cet acide d'avec la chaux et le fer offre d'ailleurs des difficultés sérieuses, que la méthode que nous venons de décrire est, dans l'état actuel de la science, seule capable de surmonter.

Fer. — Dans le liquide provenant de la recherche de l'alumine, on a d'abord détruit l'hyposulfite de soude en y ajoutant, après concentration, de l'acide chlorhydrique et du chlorate de potasse. On a ensuite dosé le fer sous forme de sesquioxyde, après l'avoir précipité par le succinate d'ammoniaque. Nous ferons remarquer, en passant, que tous les dosages de fer que nous avons faits dans les eaux de Lamalou se trouvent sensiblement plus faibles que tous ceux qui sont consignés dans les analyses antérieures. Nous avons, précisément à cause de cette discordance, apporté le plus grand soin à la recherche de ce métal ; plusieurs déterminations ont été faites sur chaque source, en employant même les méthodes ordinaires, quand l'absence de l'alumine et de l'acide phosphorique nous permettait d'y avoir recours : la concordance de tous les résultats que nous avons obtenus semble nous autoriser à en admettre l'exactitude.

Manganèse. — Ce métal a été recherché dans la liqueur précédente débarrassée du fer. On a d'abord ajouté un excès d'acétate de soude, afin de rendre la dissolution acide par l'acide acétique, et on l'a traitée ensuite par un courant de chlore qui n'a pas tardé à la colorer en brun foncé, par la formation d'un précipité de peroxyde de manganèse. La quantité de ce précipité a constamment été trop faible pour être dosée avec exactitude ; mais nous avons toujours pu constater les réactions caractéristiques du manganèse. Nous avons, en effet, facilement obtenu au chalumeau une perle rouge améthyste avec le borax, ainsi que la coloration bleu-verdâtre avec le carbonate de soude. Nous avons également caractérisé ce métal par voie humide, en faisant bouillir pendant quelques instants une petite quantité du précipité avec du bi-oxyde de plomb et de l'acide nitrique. La coloration rouge du liquide ne pouvait faire douter de la présence de quantités notables de manganèse.

Enfin, nous avons essayé de démontrer, après le manganèse, la présence du nickel, du cobalt et du zinc ; nos recherches à cet égard ont toujours eu des résultats négatifs. Nous ne décrirons pas ici les procédés suivis dans ces recherches ; nous renvoyons à l'analyse des sédiments, que nous exposerons plus loin et dans laquelle nous avons suivi exactement la même marche.

Strontiane. Baryte. — Le liquide qui avait été traité par l'ammoniaque, afin de séparer les métaux de la cinquième section, renfermait, avons-nous dit, les métaux terreux et les alcalis ; il pouvait de plus renfermer encore des traces de manganèse, de cobalt, de nickel, de zinc. Le sulfhydrate d'ammoniaque n'ayant produit aucun précipité, ni même aucune coloration dans la dissolution, nous étions en droit de conclure à l'absence de tous ces métaux. On a donc ajouté un excès de carbonate d'ammoniaque, afin de précipiter les métaux terreux ; la dissolution ne contenait plus que la magnésie et les alcalis.

Dans le précipité de carbonate, nous avons recherché la strontiane et la baryte, mais toujours sans résultats. Nous avons pensé que ces substances pourraient se trouver, à l'état de sulfate, mélangées à la silice, que nous avions séparée au commencement de l'analyse ; les essais que nous avons faits à cet égard ont donné des résultats trop incertains pour que l'on puisse conclure d'une manière rigoureuse à la présence de ces métaux dans les eaux, mais l'on verra plus loin qu'ils existent en quantité notable dans les sédiments, et que l'eau elle-même doit par conséquent en contenir des traces.

Lithine. — Il ne nous restait plus à examiner que la dernière dissolution, contenant la magnésie et les alcalis, et, parmi ces oxydes, la lithine seule devait appeler notre attention. Nous avons d'abord séparé par la méthode précédemment indiquée la magnésie des alcalis au moyen de la baryte caustique, et dans le résidu de chlorures nous avons recherché la lithine, en ajoutant du phosphate de soude et en évaporant à sec. Nous avons obtenu, en reprenant par l'eau, un résidu insoluble de phosphate double de soude et de lithine insuffisant pour pouvoir y doser la lithine ; mais l'emploi du chalumeau a nettement accusé la coloration rouge caractéristique des sels de lithine.

Nous devons dire ici que la lithine n'a pas été recherchée dans toutes les sources que nous avons étudiées ; mais ayant retrouvé cette substance dans quatre sources où nous l'avons recherchée (Lavernière, grande source de Lamalou-le-Bas, Buvette Bourges, nouvelle source de Lamalou-le-Haut), nous nous sommes cru autorisé à généraliser le résultat de ces quatre expériences, et à signaler l'existence de traces de lithine dans toutes les eaux de Lamalou. On verra d'ailleurs que plusieurs des autres sources ne sont que des filets dérivés de celles qui viennent d'être signalées ; quant aux autres, l'analogie de leur composition avec les précédentes semble suffisamment justifier notre manière de voir.

Pour ne pas compliquer l'analyse, nous avons consacré un volume d'eau spécial à chacun des corps que nous allons maintenant étudier. La recherche de ces substances ne s'appliquant en effet qu'à des traces, il est toujours préférable d'avoir recours à de l'eau vierge, n'ayant subi le mélange d'aucun réactif qui aurait pu introduire la substance cherchée.

Iode. — Nous avons opéré, pour la recherche de ce métalloïde, sur une quantité d'eau variable entre 1 et 10 litres. On a d'abord ajouté au liquide une petite quantité de potasse caustique préalablement essayée et parfaitement pure, et on l'a ensuite évaporée à siccité. Ce résidu a été repris par l'alcool, et la dissolution alcoolique évaporée à sec ; ce nouveau résidu a été traité une seconde fois de la même manière. La petite quantité de substance laissée en dernier lieu par l'évaporation de l'alcool, a été redissoute dans un peu d'eau, et l'on a essayé d'y démontrer la présence de l'iode par l'amidon et l'acide nitreux.

A cet effet, on a ajouté à la dissolution un peu d'empois d'amidon et un fragment de nitrite de plomb ; puis, à l'aide d'une baguette de verre, on a introduit dans la même liqueur une goutte d'acide sulfurique étendu, destinée à décomposer le sel de plomb ; l'acide nitreux formé devait à son tour mettre de l'iode en liberté, et celui-ci produire avec l'amidon une coloration bleue. Ce procédé, d'une excessive sensibilité, appartient à M. Béchamp, qui nous l'a communiqué. Toutefois, malgré la netteté des résultats qu'il peut fournir, son application à la recherche de l'iode dans les eaux de Lamalou nous en a toujours donné de négatifs. Jamais, quel que soit le volume d'eau employé, on n'a observé le moindre indice de coloration bleue. L'emploi de l'eau de chlore ou de l'eau de brome, substitué à celui de l'acide nitreux, n'a pas produit plus d'effet. Enfin, pour contrôler cette expérience négative, nous avons ajouté à la même liqueur qui n'avait rien donné, un vingtième de milligramme environ d'iodure de potassium, et la réaction caractéristique de l'iode s'est aussitôt manifestée.

Nous pouvons donc conclure que les eaux de Lamalou ne contiennent pas de traces d'iode, ou du moins que ce corps s'y trouve en trop faible quantité pour qu'on puisse déceler sa présence sur 10 litres d'eau.

Brome. — Nous avons employé, pour la recherche du brome, une marche identique à celle qui vient d'être exposée. Souvent même nous nous sommes servi·du même liquide pour essayer d'y découvrir le brome en même temps que l'iode. On a ajouté à la liqueur mélangée avec le nitrite de plomb et l'acide sulfurique, un peu d'éther qui aurait dû, après agitation, se colorer en jaune, en se chargeant du brome mis en liberté. Nous n'avons pas été plus heureux pour le brome que pour l'iode ; jamais nous n'avons pu en déceler la moindre trace, ce qui doit, par conséquent, faire conclure aussi à son absence.

Acide borique. — Cet acide paraît exister en petite quantité dans toutes les eaux de Lamalou ; nous l'avons constamment retrouvé en employant, pour le découvrir, le procédé de Rose. Un litre d'eau suffit pour cette détermination : après évaporation à siccité, nous avons dissous le résidu dans de l'acide chlorhydrique préalablement essayé, dont nous avons ajouté un assez grand excès. Une bande de papier de curcuma, plongée dans la dissolution chlorhydrique, a pris par la dessiccation à 100° la coloration brune qui, d'après M. Rose, caractérise l'acide borique. Nous n'avons pu toutefois obtenir la coloration verte de la flamme de l'alcool, en opérant même sur les résidus de plusieurs litres d'eau ; de sorte que nous n'oserions pas conclure rigoureusement, d'après la seule réaction du papier de curcuma, à la présence de l'acide borique, ce seul caractère ne nous paraissant pas suffisant pour définir ce corps.

Acide nitrique. — L'acide nitrique a toujours été re-

cherché sans succès dans les eaux de Lamalou. Nous avons
agi, pour cette détermination, sur un volume d'eau de 3 à
5 litres. Après l'avoir concentrée par l'évaporation, on a
séparé par le filtre les substances devenues insolubles, et
l'on a recherché les nitrates dans la liqueur filtrée réduite
à un petit volume ; ce liquide a été ajouté par petites
portions à une dissolution de sulfate ferreux dans l'acide
sulfurique concentré, et, malgré la sensibilité du réactif,
il n'a pas été possible de saisir la coloration rose qui caractérise l'acide nitrique.

Acide sulfhydrique. — La présence de l'hydrogène sulfuré dans les eaux de Lamalou, a été indiquée par le
docteur Saisset[1]. Nous n'avons pu en déceler la moindre
trace par aucun réactif. Nous avons recherché ce principe,
en suspendant dans un flacon contenant de l'eau minérale
un papier d'acétate de plomb humecté ; au bout de plusieurs
jours, il avait conservé toute sa blancheur. Nous avons
également essayé l'emploi du nitro-prussiate de soude ;
jamais, avec ou sans addition de potasse caustique, nous
n'avons observé la coloration pourpre caractéristique des
sulfures. On verra plus loin que l'analyse des gaz spontanément émis par les sources ne nous a également fourni à
cet égard que des résultats négatifs.

III. Analyse des sédiments.

La plupart des eaux de Lamalou ne tardent pas, lorsqu'elles sont abandonnées au contact de l'air, à laisser
déposer des sédiments ocracés qui forment au fond des

[1] Saisset; *Mémoire pratique sur les eaux de Lamalou*, 1812, pag. 47.

vases qui les contiennent, un dépôt brunâtre souvent fort abondant ; un séjour, même peu prolongé, de l'eau dans les piscines des établissements, suffit pour en couvrir le fond d'une couche assez épaisse. De plus, quelques sources, principalement celle de Lamalou-le-Bas, produisent dans les tuyaux de conduite de volumineuses concrétions calcaires très-compactes et très-dures, qui ne tardent pas à obstruer les tuyaux, et nécessitent de fréquentes réparations. Ces concrétions se forment aussi à l'extérieur de ces mêmes tuyaux lorsque, à la faveur de quelque fissure, l'eau peut suinter goutte à goutte et abandonner ainsi les substances qu'elle ne tenait en dissolution qu'à la faveur d'un excès de gaz. Nous avons pu recueillir sur le mur d'une piscine, à Lamalou-le-Bas, une sorte de stalactite pesant 25 kilogrammes environ et formée dans l'espace d'une année par la transsudation d'un petit filet d'eau.

La composition chimique des boues et des concrétions est d'ailleurs essentiellement différente ; car, tandis que les premières contiennent plus de 80 pour cent de fer et seulement quelques centièmes de chaux, les secondes, au contraire, renferment plus des quatre cinquièmes de sels calcaires, et la proportion d'oxyde de fer n'y atteint souvent que deux centièmes.

L'examen de ces sédiments présente, on le conçoit, un intérêt tout particulier, puisqu'ils offrent naturellement, sous un petit volume, quelques-uns des principes qui n'existent qu'en proportion infinitésimale dans les eaux minérales. Mais on conçoit aussi qu'il importe plus de connaître exactement la constitution qualitative de ces dépôts que leur composition centésimale, puisqu'il n'est pas possible

de dire, même approximativement, à quel volume d'eau
correspond un poids déterminé de ces sédiments. De plus,
la composition centésimale des boues et surtout celle des
concrétions sont loin d'être constantes. Celles-ci sont formées, en effet, par la superposition de plusieurs couches
présentant des couleurs souvent fort différentes et dans lesquelles les principes constituants entrent en proportions
variables. Il nous paraît probable que ces différences sont
dues à la rapidité du courant d'eau qui produit ces concrétions, et peut-être aussi à la température extérieure. Pour
tous ces motifs, nous avons dû surtout nous attacher à
étudier avec soin la nature des principes qui entrent dans
leur composition, plutôt qu'à en déterminer la proportion.
Tous les dépôts boueux présentent d'ailleurs entre eux la
plus grande analogie, de sorte qu'à la rigueur, l'analyse
quantitative d'un seul nous éclairait suffisamment sur la
composition de tous les autres. Celui de Capus, qu'il nous
a été facile de recueillir en grande quantité, nous a servi de
type et a été l'objet d'une analyse complète qualitative et
quantitative; plusieurs autres n'ont été examinés que qualitativement.

Quant aux concrétions solides, nous n'avons pu nous
procurer que celle dont nous avons déjà parlé, provenant
de la grande source de Lamalou-le-Bas; elle a également
été l'objet d'une analyse complète.

Nous n'insisterons, dans l'exposé que nous allons faire
de nos expériences, que sur la recherche des substances
qui n'y existent qu'en très-faible proportion, et que nous
n'avons pu trouver dans les eaux elles-mêmes; nous
dirons seulement que les principes qui se trouvent en

quantité notable, tels que la silice, la chaux, le fer, la magnésie, les acides sulfurique, carbonique, etc., ont été déterminés par les méthodes que nous avons déjà indiquées au sujet de l'analyse des eaux, en leur faisant subir toutefois quelques modifications sans importance, pour satisfaire aux exigences de l'analyse.

L'étude de ces sédiments devait être effectuée sur de grandes quantités de substance, puisqu'un seul élément, la chaux ou le fer, constituait plus des quatre cinquièmes de la masse; cette circonstance apportait dans la pratique de l'analyse une complication de plus, qui, jointe au grand nombre de corps que nous avions à rechercher, a rendu fort longues et fort délicates de semblables déterminations.

200 à 300 grammes de substance ont été dissous dans l'acide chlorhydrique pur, en prenant toutes les précautions pour que l'effervescence produite ne donne pas lieu à des pertes. La dissolution chlorhydrique a été évaporée à siccité, et le résidu repris par le même acide. On a séparé par le filtre la silice et les autres substances insolubles.

Strontiane. Baryte. — Le précipité de silice précédent a été traité par une dissolution de potasse caustique, dans le but de dissoudre la silice. Une portion a résisté à l'action de ce réactif; elle pouvait contenir du sulfate de baryte et du sulfate de strontiane ; nous y avons de plus recherché l'argent, qui aurait pu s'y trouver à l'état de chlorure ; nous n'avons jamais trouvé de traces de ce métal.

Pour nous assurer de la présence de la baryte et de la strontiane, nous avons mélangé la substance insoluble dans la potasse caustique avec du carbonate de soude, et chauffé le tout au rouge dans un creuset de platine. La masse fondue a été reprise par l'eau bouillante, qui a laissé un résidu insoluble dans l'eau, qui ne pouvait être formé que de carbonates de strontiane ou de baryte. Ce résidu a d'abord été pesé, puis dissous dans l'acide chlorhydrique. La solution de chlorures a été évaporée à sec, et arrosée avec une petite quantité d'alcool que l'on a enflammé. La coloration rouge de la flamme mettait hors de doute la présence de quantités notables de strontiane.

Après cet essai, les chlorures ont été redissous dans l'eau, et on a essayé les réactions de la baryte. Le sulfate de chaux a produit *instantanément* dans la dissolution un précipité blanc qui avait toutes les apparences du sulfate de baryte formé dans ces conditions. Enfin, une autre portion a été traitée par l'acide hydrofluosilicique, qui a donné un précipité assez abondant. Cette réaction caractérise nettement la baryte, qui nous a paru être en quantité au moins égale à la strontiane. Bien que, dans ces recherches, le poids des deux carbonates se soit souvent élevé à plus de 1 décigr., nous avons pensé que la séparation quantitative de la baryte et de la strontiane n'avait qu'un médiocre intérêt, et nous nous sommes contenté de ces recherches qualitatives.

La liqueur séparée par le filtre de la silice et des sulfates terreux précédents, pouvait contenir tous les autres métaux. On a d'abord réduit au minimum par l'acide sulfureux, le fer et l'arsenic, et, après avoir chassé par l'ébullition l'excès de réactif, on a séparé par un courant d'hydrogène sulfuré tous les métaux du quatrième et du cinquième groupe. Ceux-ci ont été divisés en deux portions, par l'action dissolvante du sulfure de sodium ; les sulfures de cuivre, de plomb, de bismuth, etc., restaient inaltérés, tandis que ceux d'arsenic, d'étain, d'antimoine, se trouvaient dans la dissolution avec l'excès de réactif employé. Nous avions donc à examiner séparément encore une liqueur et un précipité.

Cuivre. — Le précipité, essentiellement composé de sulfure de cuivre, a d'abord été dosé comme s'il ne contenait pas d'autre substance. On a pesé le sulfure après l'avoir calciné avec un excès de soufre, afin de le transformer en sous-sulfure Cu^2S, et vérifié la pesée en renouvelant plusieurs fois ce même traitement (Rivot).

Après la pesée, on a dissous le sulfure dans l'acide nitrique, et dans cette dissolution on a recherché tous les métaux du groupe du cuivre ; le plomb seul a pu être décelé en opérant de la manière suivante [1] :

Plomb. — Dans la solution nitrique, on a versé un excès de carbonate de soude, puis du cyanure de potassium. Ce réactif a dissous tout le carbonate de cuivre formé, et a laissé une très-petite quantité d'un résidu insoluble qui n'était formé que de carbonate de plomb. Ce résidu dissous dans l'acide nitrique a donné, en effet, une dissolution dans laquelle l'acide sulfurique a produit un précipité blanc, qui ne pouvait être que du sulfate de plomb ; il

---

[1] On a effectué cette recherche sur une quantité de sulfure de cuivre provenant de trois analyses et correspondant à 600 grammes de sédiment.

n'était pas d'ailleurs en quantité suffisante pour être dosé, et nous conservons même quelques doutes sur l'existence de ce principe.

La liqueur filtrée qui contenait le cuivre dissous dans du cyanure de potassium, a été traitée par un courant d'hydrogène sulfuré, qui n'a produit aucun précipité ; elle ne renfermait donc pas d'autres substances métalliques que le cuivre.

Dans le liquide séparé par le filtre du sulfure de cuivre, pouvaient se trouver tous les métaux du troisième groupe, ainsi que les métaux terreux ; mais l'on ne devait songer à effectuer de séparation avant d'avoir éliminé le fer et la chaux, qui formaient presque toute la masse des substances en dissolution. Le fer a d'abord été séparé par le carbonate de baryte, et on a précipité ensuite par le sulfhydrate d'ammoniaque les autres métaux du groupe du fer. Dans le précipité de sulfures, nous avons recherché le cobalt, le nickel, le manganèse et le zinc. L'alumine devait se trouver avec le fer, nous avons toujours inutilement essayé d'en démontrer la présence.

Cobalt. Nickel. — Le précipité des sulfures présentait une couleur noire qui ne pouvait être due qu'à du cobalt, du nickel ou à un mélange de ces deux métaux. Ce précipité a été mis en digestion avec de l'acide chlorhydrique très-étendu, qui en a dissous la plus grande partie et a laissé un résidu noir. Celui-ci, recueilli sur un filtre, donnait très-nettement au chalumeau les réactions du cobalt. Pour y rechercher le nickel, nous avons employé le procédé de Liebig par le cyanure de potassium, et nous avons pu démontrer d'une manière très-évidente la présence de ce métal. En effet, traitant ensuite par la potasse la dissolution où il devait se trouver, nous avons obtenu un précipité vert gélatineux, sur la nature duquel on ne pouvait se méprendre.

Manganèse. — Dans la portion des sulfures qui avait été dissoute par l'acide chlorhydrique, on a d'abord ajouté de l'acétate de soude en excès, et l'on a fait ensuite passer un courant de chlore longtemps prolongé. Le précipité noir qui s'est formé a été recueilli et pesé : c'était du peroxyde de manganèse, qu'il a été facile de caractériser par toutes ses réactions.

Zinc. — Enfin, après avoir éliminé le manganèse, nous avons ajouté du sulfhydrate d'ammoniaque à la liqueur; ce réactif a donné naissance à un précipité blanc sale, qui a été recueilli et pesé après avoir été grillé. Cette substance était du sulfure de zinc; nous avons pu en effet obtenir les réactions suivantes, caractéristiques pour ce métal : Le précipité redissous dans l'acide chlorhydrique donnait par la potasse un précipité soluble dans un excès de réactif; l'hydrogène sulfuré a donné dans la liqueur alcaline précédente un précipité blanc de sulfure; enfin, chauffée au chalumeau en présence du nitrate de cobalt, la substance a pris la coloration verte, qui caractérise le zinc.

Matières organiques. — Les sédiments déposés par les eaux de Lamalou contiennent tous une substance organique dont la proportion peut s'élever jusqu'à 10 pour cent du poids de la substance. Cette matière organique a été dosée

3

par différence, en incinérant dans le moufle d'un fourneau de coupelle un poids connu des sédiments préalablement desséchés.

D'autre part, nous avons essayé de déterminer par quelques réactions la nature de cette substance organique, qui nous a présenté tous les caractères des acides crénique et apocrénique, dont Berzélius indique la présence dans la plupart des sources ferrugineuses.

Une certaine quantité de ces sédiments a été mélangée avec une dissolution de potasse caustique, et après un quart d'heure d'ébullition on a jeté le tout sur un filtre. La liqueur filtrée colorée en jaune a été neutralisée par l'acide acétique. On a ensuite ajouté goutte à goutte une dissolution d'acétate de cuivre, qui a produit un précipité brunâtre d'apocrénate de cuivre. On a de nouveau filtré la liqueur, et, après l'avoir saturée par du carbonate d'ammoniaque, on l'a traitée une seconde fois par de l'acétate de cuivre. Ce réactif a déterminé la formation d'un précipité verdâtre plus abondant que le premier, présentant les caractères que Berzélius assigne au crénate de cuivre.

D'après Berzélius, les acides crénique et apocrénique seraient azotés, tandis que, d'après Mulder, l'azote qu'ils renferment y existerait à l'état d'ammoniaque. Nous n'avons fait aucune expérience qui nous autorise à donner la préférence à l'une ou à l'autre de ces opinions; nous dirons seulement que nous avons nettement constaté la présence de l'azote dans la matière organique des sédiments que nous avons étudiés.

Les eaux de Lamalou renferment aussi cette substance organique que nous avons trouvée dans les sédiments, mais elle y existe en trop petite quantité pour que nous ayons pu en déterminer la nature ; nous avons dû, comme nous l'avons déjà dit, nous borner à en constater la présence, mais il ne nous paraît pas douteux qu'elle soit semblable à celle que nous venons de décrire.

IV. Calcul des analyses.

Les procédés analytiques que nous venons de décrire nous ont permis de déterminer avec exactitude les proportions des diverses bases et des différents acides renfermés dans les eaux minérales que nous avons étudiées ; mais ils ne peuvent indiquer la manière dont ces éléments sont groupés entre eux pour constituer des composés salins. Ce problème a depuis longtemps préoccupé les chimistes, et plusieurs méthodes ont été successivement indiquées pour arriver à sa solution. Malheureusement, toutes ces méthodes ne fournissent que des résultats défectueux, et le problème reste insoluble dans l'état actuel de la science. On a cherché à obtenir en nature les sels qui entrent dans la constitution d'une eau minérale, soit en la concentrant par évaporation, soit en faisant agir sur les résidus des dissolvants spéciaux. Mais de semblables moyens sont loin de conduire à la vérité. L'ordre dans lequel sont groupés les éléments, dans une dissolution saline, se trouve, en effet, intimement lié à la température, la concentration, la nature du milieu, etc. C'est ainsi que les eaux-mères des marais salants, par exemple, qui renferment des acides chlorhydrique et sulfurique unis à des alcalis et à de la magnésie, peuvent fournir, comme l'a démontré M. Balard,

du sel marin, du sulfate de magnésie, du sulfate de soude,
du sulfate ou du chlorure double de potasse et de magnésie,
selon la température et la concentration des liquides. Nous
avons signalé, il y a peu de temps, à propos de l'analyse
d'une eau minérale des environs de Montpellier, un fait
assez curieux qui doit être attribué à une cause analogue [1].

Cette eau, alcaline quand elle sort de la source, devient
neutre au papier de tournesol si on la maintient pendant
quelque temps à l'ébullition; elle ne contient cependant
pas de traces de substance alcaline volatile ni de sulfures
alcalins. Ce fait s'explique aisément en admettant la coexis-
tence de bicarbonates alcalins et de sulfate calcaire. Ces sels,
réagissant l'un sur l'autre dès que les bicarbonates ont été
transformés en carbonates neutres, donnent naissance à du
carbonate de chaux et à des sulfates alcalins, sans action
sur les réactifs colorés. Ces exemples, que nous pourrions
multiplier, prouvent que, dans bien des cas, les sels obtenus
par les opérations que l'on fait subir à une eau minérale,
représentent les produits de ces opérations, plutôt que les
éléments primitifs de l'eau elle-même.

Malgré cette incertitude qui règne sur l'arrangement des
éléments, on peut cependant combiner par le calcul les
acides et les bases, et exprimer ainsi les combinaisons
probables qui existent naturellement dans une eau minérale. Ces éléments se trouvent nécessairement, en effet,
en proportions telles que l'on pourra toujours, quel que
soit le mode de distribution que l'on choisisse, arriver à
former des composés salins définis, et l'on peut, par des

---

[1] *Comptes-rendus de l'Académie des sciences*, octobre 1860.

hypothèses fondées sur les lois fondamentales de la chimie, approcher, dans la plupart des cas, de l'expression de la vérité. Ajoutons, d'ailleurs, que ces incertitudes ont beaucoup moins d'importance que ne leur en accordent généralement les médecins qui veulent expliquer par leur composition les propriétés thérapeutiques des eaux. Les eaux minérales sont, comme l'a dit M. Andrieux, des médicaments complexes qui agissent comme unité, et l'action thérapeutique résultant du mélange de leurs éléments salins est ou peut être toute autre que celle qu'exercerait chacun des sels qui la composent, pris isolément. De même que la chimie est impuissante à décider si une dissolution saline est formée par un mélange de bicarbonate de soude et de sulfate de magnésie, par exemple, ou par des proportions équivalentes de sulfate de soude et de bicarbonate de magnésie; de même, quelle que soit la constitution primitive du mélange, le médecin ne saurait y découvrir de différence relativement à ses propriétés thérapeutiques, puisque le résultat définitif sera fatalement le même dans l'un et l'autre cas. Il est cependant d'usage de représenter les résultats des analyses en groupant les acides et les bases sous forme de composés salins, et, bien que tout à fait arbitraires, ces données du calcul ont toutefois l'avantage de faire connaître un des modes possibles de distribution des éléments, et suffisent au médecin, puisque, d'après ce que nous venons de dire, les mêmes incertitudes régneraient pour une dissolution artificielle dans laquelle on aurait introduit plusieurs combinaisons salines. Nous avons donc, pour suivre l'usage adopté, calculé les quantités de sels correspondantes aux quantités d'acides et de bases directement déterminées pour l'expérience; mais, nous le répétons, nous n'accordons à ces résultats qu'une médiocre importance.

Nous avons appuyé sur les bases suivantes le calcul de nos analyses : les acides chlorhydrique, phosphorique et arsénique ont été combinés à la soude, et l'excès de cette base transformé en bicarbonate de soude. La potasse tout entière a également été unie à la quantité d'acide carbonique nécessaire pour former du bicarbonate de potasse. Pour l'acide sulfurique, la logique semblait conduire à le supposer combiné avec un alcali, de la soude par exemple ; une observation fournie par l'examen des sédiments nous a cependant déterminé à ne pas adopter cette hypothèse. Les sédiments solides déposés par les eaux renferment, en effet, du sulfate de chaux, et ce fait semble nous autoriser à admettre que ce sel existe en nature dans les eaux de Lamalou. La petite quantité d'acide sulfurique contenue dans les eaux de Lamalou a donc été unie à de la chaux, et l'excès de cette base transformé en bicarbonate ; enfin, la magnésie tout entière a été combinée, ainsi que les oxydes de fer et de manganèse , avec la quantité d'acide carbonique nécessaire pour former des bicarbonates de ces bases. Il reste, après tous ces calculs, une certaine quantité d'acide carbonique en excès, qui a été considérée comme de l'acide carbonique libre en dissolution dans l'eau minérale. Quant à la silice et à l'alumine , ces corps ont été mis en dehors de toute hypothèse , et laissés sous leur forme élémentaire.

Pour mieux faire saisir la marche, d'ailleurs fort simple,

de ces calculs, nous allons l'appliquer aux résultats fournis par l'analyse d'une des sources que nous avons étudiées ; la grande source de Lamalou-le-Bas nous servira d'exemple.

L'expérience fournit les nombres suivants pour les acides et les bases qui ont pu être dosés :

Acide carbonique................	1,5900
— sulfurique................	0,0219
— chlorhydrique..............	0,0158
— arsénique................	0,0002
— phosphorique..............	0,0015
— silicique................	0,0525
Potasse........................	0,1119
Soude.........................	0,3051
Chaux.........................	0,3179
Magnésie......................	0,0899
Protoxyde de fer...............	0,0046

En groupant ces corps par le calcul d'après la méthode que nous venons d'indiquer, on obtient les nombres suivants :

Soude.

Acide chlorhydr. 0,0158 + 0,0155 = chlor. de sodium.. 0,0255
— arsénique.. 0,0002 + 0,0002 = arsén. de soude.. 0,0004
— phosphor. , 0,0015 + 0,0015 = phosph. de soude. 0,0030

0,0170

Acide sulfur. 0,0219 + chaux. 0,0153 = sulf. de chaux. 0,0362

Soude totale.......	0,3051	Chaux totale.......	0,3179
Soude employée....	0,0170	Chaux employée....	0,0153
Soude à combiner.	0,3281	Chaux à combiner.	0,3026

Acide carbon.

Soude.......... 0,3281 + 0,3735 = bicarb. de soude.... 0,7016

Potasse........ 0,1119 + 0,1045 = — de potasse... 0,2164

Chaux........ 0,3026 + 0,4755 = — de chaux... 0,7781

Magnésie....... 0,0899 + 0,1930 = — de magnésie. 0,2829

Protoxyde de fer. 0,0046 + 0,0056 = — de fer...... 0,0102

               1,1421

Acide carbonique total............. 1,5900

Acide carbonique employé.......... 1,1421

Acide carbonique dissous........... 0,4479

Si de la somme des combinaisons salines que nous venons de déterminer ainsi, on retranche la moitié de l'acide carbonique employé pour former des bicarbonates, on obtiendra un nombre représentant le poids des sels neutres contenus dans l'eau analysée ; il est à remarquer que ce nombre est constant, quel que soit le mode de distribution qu'on ait adopté pour les acides et les bases. On conçoit d'après cela toute l'importance de cette détermination, qui n'est soumise à aucune hypothèse. En effet, le poids des sels neutres doit représenter exactement le poids du résidu fixe laissé par l'évaporation de l'eau, et fournit ainsi un contrôle précieux à l'analyse ; dans l'exemple que nous venons de choisir, on obtient les résultats suivants :

Poids du résidu fixe............. = 1,5390

Poids des sels neutres calculé..... = 1,5122

Ces deux nombres diffèrent fort peu l'un de l'autre, comme on le voit, et la légère discordance qui existe entre eux est une conséquence des erreurs inévitables qu'entraîne le dosage d'un aussi grand nombre d'éléments.

Enfin, les analyses des sédiments ont été calculées d'après des données analogues. Nous ferons seulement remarquer que l'incertitude sur laquelle nous avons insisté plus haut, disparaît ici presque entièrement, à cause de l'insolubilité des composés salins qui se trouvent dans ces sédiments.

Les acides sulfurique, phosphorique, ont été unis à de la chaux, et l'excès de cette base a été combiné, ainsi que la magnésie tout entière, à de l'acide carbonique. L'arsenic a été considéré comme existant sous la forme d'arséniate de fer; enfin, l'oxyde de fer en excès, de même que tous les autres oxydes métalliques, ont été représentés sous leur forme élémentaire.

V. ANALYSE DES GAZ.

Les sources de Lamalou renferment en dissolution, outre l'acide carbonique libre que nous avons déjà signalé, d'autres gaz qui n'y existent qu'en proportion relativement peu considérable. C'est ainsi que l'on retrouve dans toutes de petites quantités d'azote et d'oxygène qu'il nous a paru utile de déterminer avec exactitude; de plus, quelques sources émettent spontanément des volumes énormes de gaz que nous avons dû soumettre à l'analyse. Malheureusement, le mode d'aménagement des eaux ne nous a pas toujours permis de recueillir les éléments gazeux qu'elles laissent dégager, et une des sources de Lamalou-le-Haut s'est prêtée seule à l'étude de ces gaz.

Gaz dissous dans l'eau. — Nous avons déjà indiqué les moyens employés pour le dosage de l'acide carbonique,

soit libre, soit combiné, contenu dans les eaux de Lamalou. Nous n'avons donc à nous occuper ici que de la
recherche de l'azote et de l'oxygène.

Les procédés généralement mis en usage pour l'analyse
des gaz tenus en dissolution par les eaux minérales, sont
soumis à quelques causes d'erreur assez graves que nous
allons faire connaître, et que nous avons cherché à éviter.
On se sert ordinairement d'un simple ballon muni d'un tube
adducteur, destiné à conduire les gaz sous une cloche disposée sur l'eau ou sur le mercure. L'appareil est d'abord
pesé vide, puis plein de l'eau à analyser; de la différence
de poids, on déduit le volume d'eau soumis à l'expérience.
On chauffe ensuite le ballon jusqu'à l'ébullition du liquide,
et on recueille sous une cloche les gaz qui se dégagent,
pour les soumettre plus tard à l'analyse.

Cette manière d'opérer est entachée d'une cause d'erreur
facile à comprendre. Sous l'influence de la chaleur, l'eau
contenue dans l'appareil se dilate, et une portion s'échappe
nécessairement par le tube adducteur avant d'avoir acquis
la température nécessaire pour abandonner le gaz qu'elle
tient en dissolution; de là une incertitude complète sur le
volume d'eau mis en expérience, et une erreur correspon-
dante dans la quantité de gaz recueilli. L'influence de cette
cause d'erreur est même beaucoup plus considérable qu'elle
ne le paraît au premier abord : nous avons, en effet, pu
nous assurer, par des expériences directes, que la perte
qui en résulte peut aller jusqu'à 1/25 environ du volume
de gaz, ce qui ne saurait être négligé.

Nous avons, pour remédier à ces inconvénients, eu recours à un appareil que nous allons décrire, et dont les

résultats nous paraissent préférables à ceux que fournit l'appareil précédent. La différence essentielle des deux méthodes consiste en ce que, au lieu d'opérer sur un ballon exactement rempli d'eau, nous laissons au-dessus du liquide un espace vide, afin que la dilatation ne puisse chasser une partie de l'eau hors de l'appareil. Cette modification, quoique très-simple en principe, exigeait cependant des précautions particulières, afin de purger d'air la partie vide de l'appareil ; nous avons réalisé ces conditions de la manière suivante :

L'eau soumise à l'analyse est contenue dans un ballon A (*fig.* 1), dont on connaît exactement la capacité, jusqu'à un trait D marqué à la naissance du col. Ce ballon est muni d'un bouchon percé de deux trous : dans l'un s'engage le tube adducteur E, qui vient affleurer exactement la surface inférieure du bouchon ; l'autre reçoit le tube F, qui descend dans le col du ballon jusqu'au niveau du trait D. Ce tube communique avec un petit ballon B au moyen d'un caoutchouc et d'un robinet. Ce second ballon est également muni de deux tubes : l'un, en communication avec le robinet, descend jusqu'au fond du ballon ; l'autre affleure la surface du bouchon. Enfin, le tube adducteur E se rend dans une petite cuve à mercure, et peut à volonté être mis en communication, par son extrémité, avec un caoutchouc K destiné à puiser de l'acide carbonique sous la cloche H. Voyons maintenant comment fonctionne cet appareil.

On commence par remplir complètement d'eau minérale le ballon A, et la moitié environ du ballon B ; et après avoir assujéti les bouchons et les caoutchoucs, on met en communication l'extrémité du tube adducteur avec le caout-

chouc K, qui vient plonger dans l'eau de la terrine T. Le
robinet R étant ouvert, on souffle par le tube G. L'eau du
ballon B s'introduit alors dans le ballon A, et vient remplir
complètement le tube. adducteur ; cela fait, on engage le
caoutchouc K sous la cloche H pleine d'acide carbonique,
et on aspire par le tube G. On détermine ainsi le retour,
dans le ballon B, de toute l'eau contenue dans le tube
adducteur et dans le col du ballon A, jusqu'au niveau du
trait D, et le liquide se trouve remplacé par de l'acide carbonique. Après avoir fermé le robinet, on détache sous le
mercure le caoutchouc K, et on installe la cloche C remplie
en partie de mercure, et en partie d'une dissolution concentrée de potasse caustique. Il suffit enfin de porter à
l'ébullition l'eau du ballon A, et de recueillir les gaz qui
se dégagent. L'ébullition suffit en général pour chasser tout
le gaz contenu dans la partie vide de l'appareil ; il est bon
cependant, à la fin de l'expérience, de remplir complètement
d'eau tout l'appareil, afin de chasser les dernières traces de
gaz. Pour cela, on commence par faire bouillir l'eau du
ballon B, afin de la priver des gaz qu'elle contient, et qui
pourraient venir s'ajouter à ceux de l'eau soumise à l'expérience ; puis on souffle par le tube G jusqu'à ce que tout
l'appareil soit rempli de liquide.

Les manœuvres que nous venons de décrire s'exécutent
très-rapidement et avec la plus grande facilité, sans exiger
aucune précaution particulière. Nous ferons remarquer
seulement que le col du ballon A au-dessus du trait doit
avoir une capacité égale à un vingtième environ de la capacité totale du ballon. Si cette condition n'était pas remplie,
on s'exposerait à perdre encore une petite quantité de gaz,

qui resterait dissoute dans l'eau expulsée par la dilatation.

Le gaz recueilli sous la cloche a été soumis à l'analyse par les procédés ordinaires. Après en avoir déterminé exactement le volume, et l'avoir ramené par le calcul aux conditions normales de température et de pression, nous avons introduit un bâton de phosphore, afin d'absorber l'oxygène, et après vingt-quatre heures de contact une nouvelle mesure a fait connaître les proportions relatives d'azote et d'oxygène. Nous dirons enfin que toutes ces déterminations ont été effectuées aux sources mêmes, et que le volume d'eau soumis à l'expérience a été mesuré à la température de la source, de sorte que les nombres que nous donnerons plus loin représentent les quantités de gaz contenues dans un litre d'eau à son état normal.

Gaz émis spontanément. — L'étude des gaz spontanément émis n'a été effectuée, avons-nous dit, que sur une seule source, la nouvelle source de Lamalou-le-Haut. Ces gaz, essentiellement composés d'acide carbonique qui en forme presque toute la masse, renferment cependant de petites quantités d'oxygène et d'azote qu'il était important de déterminer; mais la faible proportion de ces derniers nous forçait d'opérer sur un volume très-considérable de gaz, ce qui nécessitait l'emploi d'appareils spéciaux. Nous avons suivi dans cette étude une marche à peu près semblable à celle qu'a indiquée Bouquet [1] dans son travail sur les eaux de Vichy; toutefois la nature différente des gaz

---

[1] Bouquet; *Histoire chimique des eaux minérales et thermales de Vichy, Cusset,* etc.

que nous avions à examiner nous a obligé à apporter dans nos appareils quelques modifications que nous allons faire connaître.

L'appareil que nous avons employé est représenté *fig*. 2. Il se compose d'un flacon A à tubulure inférieure, de 4 à 5 litres de capacité, muni supérieurement d'un bouchon percé de quatre trous. Dans l'un s'engage un tube de verre H, affleurant à la surface inférieure du bouchon, et communiquant au moyen d'un robinet R avec un long caoutchouc K, qui se rend à une cloche disposée sur l'orifice de la source et destinée à être constamment remplie des gaz qu'elle émet; cette cloche n'est pas représentée dans notre dessin. Un second tube L, affleurant aussi la surface inférieure du bouchon, fait communiquer le flacon A, au moyen d'un robinet S, avec la seconde partie de l'appareil, qui sera décrite plus loin. Le tube M descend jusqu'au fond du flacon et se relie au robinet d'un second flacon B, semblable au premier et disposé dans un plan supérieur; enfin, le quatrième trou du bouchon reçoit un thermomètre. La tubulure inférieure du flacon A reçoit un robinet P destiné à faire écouler l'eau qu'il contient. Cette partie de l'appareil n'a subi aucune modification et est en tout semblable à l'appareil de Bouquet; elle constitue le *gazomètre*, dont nous expliquerons le jeu tout à l'heure.

Après le gazomètre vient l'*analyseur;* celui-ci se compose d'une fiole C d'un litre de capacité environ, munie d'un bouchon à trois ouvertures. Le tube de verre E, effilé à son extrémité inférieure, plonge jusqu'au fond de la fiole et se relie par le robinet S au flacon A. Un second tube F, plongeant également jusqu'au fond de la fiole, va rejoindre la fiole Ð au moyen d'un caoutchouc qui peut être serré avec une pince de Mohr; enfin, la troisième ouverture reçoit un tube adducteur Q, qui se rend dans une cuve remplie d'eau minérale. La fiole D, de même capacité que la première, est disposée dans un plan supérieur ; le bouchon reçoit deux tubes : l'un V, en communication avec la première fiole, plonge jusqu'au fond ; le second ne dépasse pas le niveau du bouchon.

Expliquons maintenant la manière dont fonctionne l'appareil : les flacons A et B étant remplis d'eau minérale, et les robinets R et P étant ouverts, l'eau du flacon A s'écoulera et sera remplacée par du gaz arrivant de la source par le tube K. Si alors on ouvre les robinets S et T, après avoir fermé les précédents, l'eau du flacon B viendra remplir le flacon A, et forcera le gaz qu'il contient à traverser l'analyseur en passant par le tube L. On pourra ainsi, en répétant plusieurs fois la même opération, faire passer dans l'analyseur un volume de gaz illimité, et le mesurer exactement.

La fiole C contient au commencement de l'expérience une petite quantité d'eau distillée, seulement suffisante pour couvrir l'extrémité des deux tubes E, F ; la fiole D est remplie d'une dissolution concentrée de potasse caustique. On aspire d'abord par le tube A, de manière à remplir d'eau le tube F, et on serre ensuite la pince de Mohr. Ces précautions prises, on fait passer dans l'appareil une grande quantité du gaz de la source, de manière à expulser complètement l'air qu'il contient : 10 à 15 litres de gaz suffisent, et au-delà, pour atteindre ce résultat ; enfin, on introduit dans la fiole C la potasse caustique contenue dans la fiole D, en soufflant par le tube G, et l'appareil se trouve alors prêt à fonctionner.

Le gaz qui traverse la dissolution de potasse caustique y abandonne tout son acide carbonique, à la condition toutefois que le courant ne soit pas trop rapide, et l'on ne recueille dans la cloche Z qu'un mélange d'azote et d'oxygène. Dès que le volume de ces gaz est jugé suffisamment considérable, on arrête l'opération et on mesure le volume obtenu; il est bon toutefois d'introduire préalablement dans la cloche un fragment de potasse caustique et d'agiter, afin d'absorber les traces d'acide carbonique qui auraient pu échapper à la dissolution alcaline. Ce mélange est ensuite analysé par le phosphore, avec les précautions d'usage.

Nous avons, dans cette étude, opéré sur un volume de gaz variable entre 15 et 30 litres, et chaque expérience a duré de trois à cinq heures. Trois déterminations effectuées sur différents volumes nous ont donné des résultats parfaitement concordants.

Le même appareil nous a servi à la recherche du gaz sulfhydrique. Nous avons, à cet effet, remplacé, comme l'indique M. Bouquet, la dissolution de potasse caustique, soit par une dissolution de sulfate de cuivre dans l'ammoniaque, soit par une dissolution d'acétate de plomb. Nous n'avons jamais pu, en opérant sur 40 litres de gaz, obtenir de traces de sulfures. Nous avons également essayé de déceler la présence de l'hydrogène sulfuré dans la potasse caustique qui avait servi aux premières expériences, et qu'avaient traversé plus de 60 litres de gaz : les réactifs les plus sensibles (nitro-prussiate de soude, acétate de plomb) n'en ont pas accusé de traces ; nous admettons donc, sans hésiter, que les gaz émis par la source de Lamalou-le-Haut ne contiennent pas d'hydrogène sulfuré.

CHAPITRE III.

ÉTUDE CHIMIQUE DES SOURCES DE LAMALOU.

—

Source de Lavernière.

La source de Lavernière est située sur la rive gauche de l'Orb, et presque sur le bord de cette rivière. Le volume d'eau qu'elle fournit ne saurait être déterminé avec exactitude, à cause des variations considérables qu'il est susceptible d'éprouver. C'est ainsi que nous l'avons vu réduit à un mince filet d'eau après les longues sécheresses de l'été, tandis qu'il augmente beaucoup après des pluies abondantes. On ne peut toutefois attribuer cette différence à des filtrations d'eau pluviale, car plusieurs analyses effectuées à différentes époques de l'année n'ont présenté entre elles que de très-légères discordances, qui ne sont nullement en rapport avec les variations de la quantité d'eau fournie par cette source. Toujours est-il que son débit est peu considérable, quoique suffisant largement aux applications qu'elle a reçues jusqu'à ce jour.

La température moyenne de cette source est, d'après nos observations, de 16°9 [1], et présente quelques variations

---

[1] Toutes les températures que nous indiquerons dans ce travail sont exprimées en degrés centigrades. Les thermomètres qui ont servi à les

4

en plus ou en moins. Plusieurs déterminations faites depuis le mois de septembre 1859, jusqu'au mois de septembre 1860, nous ont donné comme termes extrêmes, 16° 6 et 17° 2, sans que nous ayons pu saisir de relations entre la température extérieure et celle de la source. La quantité d'eau qu'elle émet paraît aussi sans influence directe sur la thermalité, car les températures maxima et minima que nous avons observées correspondent l'une et l'autre à des époques où la source produisait des volumes d'eau relativement considérables. M. le professeur Dupré est arrivé, dans son travail sur les eaux de Lamalou [1], à des résultats semblables aux nôtres. D'après ses observations, en effet, la température de Lavernière peut osciller entre 13° et 14° R., ce qui correspond à 16° 25 et 17° C. [2]. On voit, d'après cela, que la température de l'eau de Lavernière, bien que présentant quelques variations, est cependant restée constante dans un espace de huit ans.

Limpide quand elle vient d'être recueillie, cette eau ne tarde pas à se troubler si on l'abandonne au contact de

---

déterminer ont été comparés à un excellent étalon mis à notre disposition par M. le professeur Martins.

[1] Dupré, *loc. cit.*

[2] Toutes les températures indiquées par M. le professeur Dupré nous paraissent être un peu trop élevées, probablement à cause du déplacement du zéro dans le thermomètre employé par cet observateur. On verra plus loin, en effet, que les températures qu'il assigne aux sources de Lamalou-le-Bas et de Capus sont supérieures de un degré environ à celles qui ont été déterminées par d'autres observateurs avec des instruments vérifiés. Il faudrait donc abaisser d'un degré les températures de Lavernière, ce qui porte à 15°,25 la limite inférieure des oscillations que cette source peut éprouver.

l'air. Elle laisse alors déposer une matière brunâtre très-riche en oxyde de fer; en même temps on voit se dégager de nombreuses bulles de gaz entièrement formées d'acide carbonique. Elle se conserve toutefois assez bien dans des bouteilles bien bouchées; mais, quelque soin que l'on prenne, elle subit cependant à la longue une légère altération. Il est probable qu'en apportant quelques améliorations au captage de cette source, on en rendrait la conservation beaucoup plus facile, en diminuant la perte de gaz qu'elle subit avant de pouvoir être recueillie.

La saveur de l'eau de Lavernière est fraîche et piquante, comme celle de toutes les sources acidules gazeuses; elle est aussi légèrement styptique et un peu amère, surtout quand le contact de l'air lui a fait perdre une partie de son gaz.

Sous l'influence de la chaleur, elle laisse dégager une grande quantité de gaz, et donne lieu à la formation d'un abondant précipité blanc, très-légèrement brunâtre. Le résidu de l'évaporation présente à peu près la même couleur; le poids de ce résidu s'élève à $1^{gr},753$ par litre d'eau.

Les produits gazeux mis en liberté par l'ébullition sont essentiellement composés d'acide carbonique et ne renferment qu'une petite quantité d'azote et des traces d'oxygène.

L'analyse de l'eau nous a fourni les résultats suivants. Nous mettons, en regard des données directement fournies par l'expérience, les proportions des divers composés salins déterminées par le calcul :

Résultats de l'analyse.		*Analyse calculée.*	
Pour 1 litre d'eau.		Pour 1 litre d'eau..	
Acide carbonique	2,1721	Bicarbonate de soude...	1,1702
— sulfurique	0,1298	— de potasse..	0,1574
— phosphorique	0,0028	— de lithine...	traces.
— arsénique	0,0002	— de chaux...	0,5729
— chlorhydrique...	0,0195	— de magnésie.	0,2448
— borique	traces.	— de fer.....	0,0144
Silice	0,0287	— de mangan..	traces.
Alumine	0,0020	Chlorure de sodium....	0,0312
Potasse	0,0814	Sulfate de chaux	0,2207
Soude	0,5050	Phosphate de soude....	0,0056
Lithine	traces.	Arséniate de soude.....	0,0004
Chaux	0,5157	Borate de soude	traces.
Magnésie	0,0778	Sulfate de cuivre	traces.
Protoxyde de fer	0,0065	Silice	0,0287
— de mangan..	traces.	Alumine	0,0020
Oxyde de cuivre	traces.	Ac. crénique et apocr..	traces.
Ac. crénique et apocr...	traces.		2,4483
Oxygène	5^{cc}	Ac. carb. libre. 0^{gr},885 $=$ 450^{cc}	
Azote	9^{cc}	Oxygène..... »	5^{cc}
		Azote........ »	9^{cc}

Le poids des sels neutres, calculé d'après les données précédentes, correspond sensiblement au poids du résidu fixe laissé par l'évaporation de l'eau ; nous avons en effet obtenu les nombres suivants, qui ne diffèrent que dans d'étroites limites :

Poids du résidu fixe................ 1,755
Poids des sels neutres calculé......... 1,804

L'eau de Lavernière a été analysée à deux époques de l'année : au mois de mai et au mois de septembre ; nous n'avons trouvé, dans les résultats de nos observations, que des différences sans importance. Nous devons dire toutefois que la proportion d'acide carbonique libre a présenté des variations assez considérables à ces deux époques de l'année. La quantité de ce gaz a pu varier en effet de 480^{cc} à 420^{cc}, ce qui fait un huitième du volume total. Le nombre que nous donnons plus haut correspond à la moyenne des résultats.

La source de Lavernière a été étudiée en 1809 par Auguste Saintpierre[1], qui s'en est tenu d'ailleurs à quelques essais qualitatifs, d'après lesquels il croit pouvoir conclure à son identité avec la source de Capus, que nous examinerons plus loin. Il est facile de se convaincre, en comparant les analyses de ces deux sources, que Saintpierre n'avait que des idées fort incomplètes sur la première. En effet, tandis que l'eau de Lavernière contient par litre $2^{gr},448$ de produits solides, celle de Capus n'en renferme que $0^{gr},502$; de sorte que, parmi les sources de Lamalou, la première est la plus riche en principes minéralisateurs, tandis que la seconde est celle qui en renferme le moins. De plus, quelques éléments qui figurent parmi les principes qui entrent dans la composition de l'eau de Lavernière, n'ont pu être retrouvés dans celle de Capus. Tels sont l'acide phosphorique, et l'alumine surtout qui n'existe que dans un très-petit nombre des sources de Lamalou. Ces différences suffiraient pour rendre le parallèle impossible, si les proportions relatives des éléments qui entrent dans leur composition ne venaient confirmer notre opinion.

[1] *Essai sur l'analyse des eaux minérales en général, et sur celle des eaux minérales du département de l'Hérault en particulier.* Montpellier, 1809.

Saintpierre a également examiné le dépôt ocracé abandonné par l'eau de Lavernière, et c'est principalement sur
la comparaison de ce dépôt avec celui de Capus qu'il se base
pour établir l'analogie des deux sources. L'aménagement
actuel de Lavernière ne nous a pas permis de nous procurer
ce sédiment en quantité suffisante pour l'analyse ; mais
l'analogie signalée par Saintpierre est loin de nous surprendre et confirme, au contraire, l'opinion que nous avons
émise plus haut sur la similitude de tous ces dépôts ocracés.
Voici quelle serait, d'après ce chimiste, la composition des
sédiments de Lavernière :

Oxyde de fer.....................	65,0
Carbonate de chaux.....	2,5
Alumine........................	2,5
Eau, ou acide carbonique...........	50,0
	100,0

Cette analyse se ressent évidemment de l'imperfection
des procédés dont on disposait à cette époque ; elle est
d'ailleurs incomplète et ne présente qu'un intérêt historique.

La source de Lavernière n'a pas été l'objet d'autres recherches jusqu'en 1860. A cette époque, une analyse
officielle a été confiée à MM. Bonnet, Bernard et Carrière
(de Béziers). Nous empruntons à un mémoire de M. O.
Henry[1] les résultats de ce travail :

---

[1] *Bulletins de l'Académie impériale de médecine*, no 17 ; 15 juin 1860.

Acide carbonique libre.............	peu.
Bicarbonate de chaux.............	0,7800
— de magnésie..........	0,2700
— de soude et potasse.....	0,2100
— d'ammoniaque.........	0,0032
— de fer avec crénate.....	0,0310
— de manganèse..........	0,0019
Sulfate de chaux................	0,1196
— de soude	0,1344
Chlorure de sodium..............	0,0805
Phosphate d'alumine............ } Silice....................... }	0,1200
Principe arsenical............. } Matière organique azotée......... }	traces.
	1,7506

Les résultats consignés dans cette analyse diffèrent en
plusieurs points de ceux que nous avons déjà exposés; c'est
ainsi que nous n'avons pu démontrer la présence du carbonate d'ammoniaque dans cette source, qui en contien-
drait des traces, d'après MM. Bonnet, Bernard et Carrière.
Nous y avons, d'un autre côté, signalé l'existence du cuivre
qui n'avait pas encore été indiquée. Quant au sulfate de
soude, la différence des résultats est subordonnée aux hypothèses qui servent de bases au calcul de l'analyse, et
ne présente aucune importance.

Il serait cependant impossible de comparer ces nombres
à ceux que nous avons obtenus et que nous avons repro-
duits précédemment, sans transformer en leurs principes
constituants les composés salins qui viennent d'être énumérés. Nous donnons ci-après les quantités d'acides et de
bases déduites par le calcul des données précédentes, afin
de les comparer aux résultats de nos observations :

	BONNET, BERNARD ET CARRIÈRE.	A. MOITESSIER.
Acide carbonique............	?	2,1721
— sulfurique.............	0,1461	0,1298
— borique..............	0	traces.
— arsénique............	traces.	0,0002
— chlorhydrique..........	0,0470	0,0193
— phosphorique........ ⎫		⎛ 0,0028
Silice.................. ⎬	0,1200	⎨ 0,0287
Alumine................ ⎭		⎝ 0,0020
Potasse................ ⎫		⎛ 0,0814
Soude.................. ⎬	0,2055	⎨ 0,5030
Lithine................ ⎭		⎝ traces.
Chaux.................	0,3524	0,3137
Magnésie...............	0,0858	0,0778
Protoxyde de fer...........	0,0159	0,0065
— de manganèse......	0,0008	traces.
Oxyde de cuivre...........	0	traces.
Acides crénique et apocrénique.	traces.	traces.

Il suffit de jeter les yeux sur le tableau qui précède, pour apercevoir quelques différences notables entre les résultats des deux analyses, en même temps que des analogies frappantes. Les écarts portent principalement sur les alcalis, qui se trouvent exprimés dans notre analyse par un nombre trois fois plus fort que dans celle de MM. Bonnet, Bernard et Carrière ; au contraire, la silice, l'acide phosphorique et l'alumine, dosés ensemble par ces derniers observateurs, se trouvent, de même que le fer, en proportion beaucoup plus considérable. Nous devons nous contenter de signaler ici ces discordances, que nous ne saurions chercher à expliquer. Nous ferons remarquer seulement que la concordance remarquable qui existe entre quelques éléments des

deux analyses, acide sulfurique, chaux, magnésie, semble
indiquer que ces différences ne peuvent être uniquement
attribuées à des variations dans la composition de l'eau.

Lamalou-le-Bas.

La station de Lamalou-le-Bas, connue aussi sous le nom
de Lamalou l'ancien, comprend trois sources :

1º La *Source des Bains,* désignée aussi sous les noms
de *Grande Source, Ancienne Source.* C'est de beaucoup
la plus importante des trois ; elle alimente à elle seule l'établissement thermal ;

2º La *Petite Source* , appelée aussi *Source Stoline,*
Buvette de l'établissement. Elle jaillit à quelques mètres
de la précédente et vient couler dans la cour de l'établissement ;

3º La *Source Cardinal,* qui se groupe autour des deux
autres et se trouve adossée à la façade du bâtiment.

Nous verrons dans cette étude que les trois sources que
nous venons d'énumérer ont une composition chimique
tout à fait identique et proviennent toutes du même griffon.

1. SOURCE DES BAINS. — Cette source est, de toutes celles
de Lamalou, la plus anciennement connue ; c'est à elle que
se rattachent les quelques notions historiques que nous
avons données au commencement de ce travail. Le griffon
se trouve dans une ancienne galerie de mines, et n'est que
très-difficilement abordable ; l'eau qui en jaillit se rend dans
un réservoir d'attente , d'où elle se distribue aux piscines,
aux baignoires et aux douches.

Le volume d'eau que fournit cette source ne saurait être

déterminé avec exactitude, à cause des conditions de son aménagement; nous pouvons cependant donner des chiffres représentant au moins d'une manière approximative la quantité d'eau qu'elle émet.

M. Dupré[1] indique comme probable une production de 40 litres d'eau par minute, et regarde cependant ce nombre comme au-dessous de la vérité, ce jaugeage ayant été fait au fuyant de la source. En 1860, M. le docteur Privat a profité d'un moment où le bassin d'attente se trouvait complètement vide, par suite de réparations, et a tenté un jaugeage direct. D'après ses observations, le volume d'eau émis serait de 50 litres par minute, et on devrait y ajouter une quantité d'eau qui s'échappe par des fissures et suffit pour venir alimenter la piscine des femmes. Cette portion, qui ne peut être jaugée, est évaluée par M. Privat à un tiers au moins de la précédente, ce qui porterait le débit total à 70 litres d'eau par minute environ. Nous verrons qu'on doit encore ajouter à ce volume d'eau celui de la buvette et de la source Cardinal, dont nous parlerons plus loin, et qui sont des filets dérivés du griffon principal.

L'eau de cette source, limpide lorsqu'on l'examine dans un verre, paraît au contraire trouble et de couleur jaunâtre lorsqu'elle est vue en masse considérable; elle abandonne rapidement au contact de l'air des sédiments ocracés de couleur brunâtre, sur la composition desquels nous reviendrons plus loin; en même temps, elle laisse dégager des bulles gazeuses en assez grande quantité.

La saveur de cette eau, acidule et styptique, produit, à

---

[1] Dupré, *loc. cit.*

cause de sa température, une sensation désagréable, à laquelle on s'habitue difficilement.

L'impression que l'on éprouve en se plongeant dans les piscines de Lamalou-le-Bas, consiste en un sentiment de bien-être général qui augmente à mesure que le bain se prolonge. On ressent ordinairement, dès les premiers instants du bain, un léger picottement à la peau qui ne tarde pas à se dissiper pour faire place à la sensation que ferait éprouver le contact d'un corps légèrement onctueux, et qui persiste pendant quelque temps après la sortie du bain.

La source qui nous occupe donnait lieu, avant la construction du bassin d'attente, à un phénomène singulier connu sous le nom de *poussée*. « La poussée, dit M. Privat [1], consistait en un dégagement subit et très-notable de gaz, qui faisait bouillonner la masse d'eau tout entière, avec accroissement momentané dans le volume et dans la température de cette dernière. Ce phénomène, dont nous avons été souvent le témoin, était non-seulement très-sensible, mais parfois assez incommode pour que les baigneurs fussent quelquefois obligés d'abandonner momentanément le bain à cause de la quantité trop considérable de gaz produit. L'eau devient alors plus trouble, charriant du minerai, et sa température s'élève au moins d'un degré. La poussée dure depuis quelques minutes jusqu'à un quart d'heure, reparaissant en moyenne toutes les vingt-quatre à quarante-huit heures, mais plus spécialement aux approches ou au moment d'un orage. Dans l'état actuel, ce phénomène, qui n'est plus incommode, est aussi très-peu sensible [2]. »

[1] Privat, *loc. cit.*, pag. 21.

[2] Le mot *poussée* a généralement, en hydrologie, une acception dif-

Comme on le voit d'après la description qui précède, la poussée paraît 'un phénomène analogue à celui des sources intermittentes, et dépend peut-être des mêmes causes. Sa disparition actuelle pourrait s'expliquer par la pression qu'exerce sur la source le volume de gaz confiné dans le bassin d'attente.

La température de la source des bains de Lamalou-le-Bas est de 34°,2, et nous a paru constante à toutes les époques de l'année. Nos observations se trouvent confirmées par celles de M. le docteur Privat, qui, en suivant depuis plusieurs années toutes les variations de la source, est arrivé aux mêmes résultats. M. Dupré[1] se trouve probablement un peu au-dessus de la vérité lorsqu'il donne le chiffre de 29° R., correspondant à 36°,25 C. Nous pensons que cette différence doit être attribuée à un déplacement du 0° dans le thermomètre dont s'est servi M. Dupré. Cette cause d'erreur, très-commune d'ailleurs, existait aussi dans nos instruments, et nous avons dû faire subir une correction à leurs indications.

Toutes les déterminations de température que nous venons d'indiquer ont été effectuées sur l'eau des piscines ; mais il n'est pas douteux que l'eau ne soit plus chaude à son émergence. Une évaluation faite en 1850 au griffon même par le docteur Privat, a donné une température de 57°. Ce nombre ne doit toutefois être accepté qu'avec quelques réserves, le thermomètre qui l'a fourni n'ayant été l'objet d'aucune vérification.

férente : on désigne sous ce nom une éruption accidentelle de la peau produite par certaines eaux thermo-minérales.

[1] Dupré, *loc. cit.*

La composition chimique de cette eau minérale est aussi invariable que sa température ; plusieurs analyses, effectuées à diverses époques de l'année, ont, en effet, toujours donné des résultats identiques. Les nombres suivants expriment, d'après nos observations, la constitution chimique de cette source :

Résultats de l'analyse.		*Analyse calculée.*	
Pour 1 litre d'eau.		Pour 1 litre d'eau.	
Acide carbonique.....	1,5900	Bicarbonate de soude....	0,7016
— sulfurique......	0,0219	— de potasse...	0,2164
— phosphorique...	0,0015	— de lithine...	traces.
— arsénique......	0,0002	— de chaux...	0,7781
— chlorhydrique...	0,0158	— de magnésie.	0,2829
— borique........	traces.	— de fer......	0,0102
Silice..............	0,0525	— de mangan..	traces.
Potasse............	0,1119	Chlorure de sodium.....	0,0255
Soude.............	0,5051	Sulfate de chaux.......	0,0362
Lithine............	traces.	Phosphate de soude.....	0,0050
Chaux.............	0,3179	Arséniate de soude......	0,0004
Magnésie.........	0,0899	Borate de soude........	traces.
Protoxyde de fer......	0,0046	Sulfate de cuivre.......	traces.
— de mangan.	traces.	Silice..............	traces.
Oxyde de cuivre......	traces.	Ac. crénique et apocr...	traces.
Ác. crénique et apocr..	traces.		2,1068
Oxygène...........	2^{cc},0	Ac. carb. libre.. 0,400 = 204^{cc}	
Azote.............	14^{cc},7	Oxygène...... » 2,0	
		Azote........ » 14,7	

Malgré la constance de composition de cette source, la quantité d'acide carbonique libre est cependant sujette à quelques oscillations d'ailleurs peu considérables. C'est ainsi que nous avons vu la proportion de ce gaz varier de 195^{cc}

à 210cc. Le nombre donné plus haut représente la moyenne de trois déterminations faites à diverses époques de l'année.

La première analyse qui ait été faite de la grande source de Lamalou-le-Bas remonte à 1809, époque à laquelle elle fut examinée par Saintpierre[1]. Consciencieux et bien fait pour l'époque de sa publication, le travail de ce chimiste n'a plus aujourd'hui qu'un intérêt historique, et se ressent de l'insuffisance des procédés analytiques dont on disposait alors. Nous donnons ici les résultats auxquels est arrivé Saintpierre, en les rapportant à un litre d'eau :

Carbonate de chaux................	0,469
Chlorure de sodium...............	0,102
Carbonate de chaux................	0,243
— de magnésie.............	0,062
Sulfate de chaux.................	0,062
Carbonate de fer.................	0,016
Matière colorante extractive..........	quant. impond.
	0,760

Cette source, malgré son importance, n'a été l'objet d'aucune autre recherche scientifique jusqu'en 1850. M. le professeur Bérard (de Montpellier) en a fait, à cette époque, une excellente analyse, qui a été publiée pour la première fois en 1854, par M. Patissier[2]. Nous donnons ci-après les résultats de ce travail :

[1] Saintpierre, *loc. cit.*

[2] Patissier; *Rapport sur le service médical des établissements thermaux,* 1854.

Pour 1 litre d'eau.

	lit.
Gaz acide carbonique..............	0,8280

Substances solides :

	gr.
Chlorure de sodium..............	0,0187
Bicarbonate de soude.......... ...	0,7711
— de potasse............	0,1242
Carbonate de chaux...............	0,4528
— de magnésie............	0,1863
Silice.........................	0,0638
Alumine.......................	0,0302
Peroxyde de fer.................	0,0251
Sulfate de soude................	une trace.
Matière organique azotée...........	nat. et quant. ind.
TOTAL.................	1,6722

M. Bérard a, de plus, signalé la présence de l'arsenic[1] dans les sédiments de cette source, et a pu en retrouver des traces dans l'eau elle-même.

Si nous passons de ces composés salins à leurs principes constituants, nous trouvons les nombres suivants, qu'il devient facile de comparer entre eux :

[1] L'existence de l'arsenic dans les eaux de Lamalou est également confirmée par les observations de M. Chevallier, qui en a extrait des quantités notables des sédiments de cette source.

	SAINTPIERRE.	BÉRARD.	MOITESSIER.
Acide carbonique........	»	2,4446	1,5900
— sulfurique.........	0,03650	traces.	0,0219
— phosphorique......	»	»	0,0015
— arsénique.........	»	traces.	0,0002
— chlorhydrique.....	0,06340	0,0116	0,0158
— borique..........	»	»	traces.
— silice............	»	0,0658	0,0525
— alumine....	»	0,0502	»
Potasse.............		0,0641	0,1119
Soude..............	0,5280	0,5285	0,5051
Lithine.............		»	traces.
Chaux..............	0,1652	0,2556	0,3179
Magnésie............	0,0299	0,0898	0,0899
Protoxyde de fer........	0,0098	0,0225	0,0065
— de manganèse..	»	»	traces.
Oxyde de cuivre.......	»	»	traces.
Matière organique......	traces.	traces.	traces.

Les deux dernières analyses présentent dans leur ensemble une concordance remarquable, comme on peut s'en convaincre par l'inspection du tableau précédent, et celle de M. le professeur Bérard devient pour la nôtre un contrôle précieux. Mais si la plupart des substances se trouvent représentées, dans les deux analyses, par des nombres à peu près identiques, il y a cependant quelques différences de détail qui ne peuvent passer inaperçues. C'est ainsi que l'alumine, qui compte parmi les éléments de la première, n'est pas signalée dans la seconde, où figure en échange l'acide phosphorique; de même l'oxyde de fer se trouve, d'après nos expériences, être exprimé par un nombre plus faible. Nous avons déjà, en parlant des méthodes analytiques, signalé les causes de ces légères discordances, qui, dans le cas actuel du moins, n'affectent que d'une manière insignifiante les résultats de l'analyse. Quant à la différence que l'on remarque relativement à l'acide carbonique, elle paraît également dépendre des procédés analytiques. M. Bérard a probablement déterminé l'acide carbonique libre en mesurant le volume gazeux dégagé par l'ébullition ; cette méthode donne des résultats trop forts, à cause de la décomposition partielle des bicarbonates alcalins ; de plus, cette source renferme une notable quantité d'azote qui a peut-être été comptée pour de l'acide carbonique. En somme, la comparaison qui précède démontre la constance do composition de cette source, qui n'a pas subi de variations importantes dans un intervalle de dix années.

Étude des sédiments. — Nous avons déjà dit que la source de Lamalou-le-Bas ne tarde pas à laisser déposer un sédiment ocracé, qui apparaît en abondance dans tous les tuyaux de conduite, et principalement dans ceux où l'air a un accès facile. De plus, la même eau donne naissance à des concrétions très-dures qui se forment rapidement et ne tardent pas à encroûter les tuyaux de conduite, en diminuant leur calibre intérieur. Ces concrétions diffèrent complètement par leur composition des sédiments dont nous venons de parler ; et, bien que formées des mêmes principes constituants, elles les renferment en proportion complètement différente.

C'est ainsi que les dépôts ocracés contiennent une quantité notable d'oxyde de fer, tandis que les concrétions solides sont presque entièrement formées de carbonate calcaire et

que l'oxyde de fer n'entre que pour quelques centièmes
dans leur constitution. La composition quantitative des
premiers est toutefois sujette à quelques variations, selon
le degré d'altération de l'eau, et ils paraissent plus ferrugineux à mesure qu'on s'éloigne du griffon de la source. La
quantité d'arsenic suit les mêmes variations que le fer, et
se trouve plus considérable dans les boues que dans les
concrétions; il en est de même pour la matière organique,
qui existe probablement en combinaison avec le fer. Nous
avons pu isoler cette matière organique, qui a présenté toutes
les réactions que Berzélius assigne aux acides crénique et
apocrénique; il a, de plus, été possible d'y démontrer la
présence de l'azote.

La manière dont se forment ces dépôts ne permet pas
de déterminer à quel volume d'eau ils correspondent. Ceux
que l'on peut obtenir artificiellement, en laissant de l'eau
pendant longtemps au contact de l'air, diffèrent notablement des dépôts naturels et peuvent varier selon la durée
de la décomposition.

La composition chimique des sédiments de cette source
est extrêmement complexe et présente un grand intérêt, à
cause de la grande quantité d'éléments que l'on y trouve.
Nous ne pensons pas toutefois que cette diversité de substances soit propre aux eaux de Lamalou seulement, et nous
ne doutons pas que des recherches minutieuses ne fassent
découvrir dans beaucoup d'autres sources minérales, la
plupart des principes que nous indiquons ici. Le tableau
suivant indique comparativement la composition des sédiments boueux et des concrétions calcaires :

	Sédim. ocracés.	Concrét. solides.
Carbonate de chaux............	80,90	95,17
— de magnésie........	1,01	0,51
Phosphate de chaux..........	traces.	traces.
Sulfate de chaux.............	»	0,50
— de baryte...........⎫	0,06	0,10
— de strontiane........⎭		
Silice.....................	0,10	0,25
Arséniate de fer.............	0,05	0,04
Peroxyde de fer.............	10,00	1,52
— de manganèse.......	0,25	0,19
Oxyde de cuivre.............	0,05	0,09
— de cobalt............⎫	traces.	traces.
— de nickel...........⎭		
— de plomb............	»	traces?
— de zinc..............	traces.	0,01
Acides crénique et apocrénique.⎫	7,45	1,42
Matière organique azotée.....⎭		
Perte....................	0,13	0,40
	100,00	100,00

Le trait le plus saillant de l'histoire chimique de ces sédiments est, sans contredit, la présence dans leur composition de substances indiquées comme rares dans les eaux minérales. Parmi ces substances, la plus importante est certainement le cuivre, dont la proportion est relativement fort élevée.

L'oxyde de cuivre forme, en effet, près d'un millième de la masse totale des concrétions solides, et nous avons pu, en opérant sur deux cents grammes de substance, isoler une quantité d'oxyde de cuivre qui a produit quarante-cinq centigrammes de sulfate cristallisé. Il est inutile d'ajouter que toutes les précautions ont été prises pour s'assurer que ce métal n'avait pas été introduit accidentellement dans les substances qui ont été examinées ; les sédiments et l'eau minérale qui ont fait l'objet de cette étude, n'avaient pas subi le moindre contact avec des tuyaux ni avec des robinets de cuivre.

Quant au cobalt et au nickel, on ne doit pas s'étonner de les rencontrer à côté du fer et du manganèse, qu'ils accompagnent presque toujours dans la nature ; et si ces métaux ne sont pas indiqués plus souvent dans les analyses d'eaux minérales, cela tient uniquement à ce qu'ils ne sont pas généralement l'objet de recherches spéciales.

La présence de la baryte et de la strontiane n'a pas lieu de surprendre davantage, quoiqu'on puisse s'étonner de voir ces substances exister en dissolution à côté de sulfates solubles. L'insolubilité des sulfates de baryte et de strontiane n'est pas, en effet, aussi absolue qu'on le croit généralement, et de plus elle peut être considérablement modifiée par les autres combinaisons salines et les matières organiques qui se trouvent en dissolution dans l'eau minérale.

Nous avons indiqué plus haut les procédés analytiques par lesquels nous avons pu constater l'existence des divers corps que nous venons d'énumérer ; nous ajouterons ici que nous les avons tous caractérisés par des réactions trop nettes pour que leur présence laisse le moindre doute dans notre esprit. Le plomb seul n'a pu être déterminé avec une certitude absolue, et nous n'oserions conclure d'une manière positive en ce qui concerne ce métal.

2. Petite source. — Dans la cour de l'établissement thermal de Lamalou-le-Bas, à quelques mètres de la source principale que nous venons de décrire, jaillit un filet d'eau minérale qui a longtemps été considéré comme ayant une origine distincte, mais qui n'est en réalité qu'une dérivation du griffon principal. Cette petite source, connue aussi sous le nom de Source Stoline, Buvette de l'établissement, alimentait, il y a peu de temps encore, une petite piscine abandonnée aujourd'hui, elle ne sert plus actuellement que comme buvette.

Ses propriétés physiques ressemblent en tout point à celles de la grande source que nous venons d'étudier. Limpide en petite masse, l'eau de cette buvette paraît trouble et jaunâtre si on l'examine sous un volume un peu considérable ; livrée au contact de l'air, elle ne tarde pas à laisser déposer un sédiment ocreux, en abandonnant un grand nombre de bulles gazeuses ; son goût est fade et styptique. On remarque toutefois, dans la température de la petite source, un abaissement appréciable qui doit être attribué au refroidissement qu'elle subit dans les conduits naturels qu'elle parcourt, et surtout à l'imperfection de son aménagement. Sa température varie en effet entre 33° et 33°5, tandis que celle de la grande source est toujours supérieure à 54°. Il ne nous paraît pas douteux que, par un captage convenable, cette température ne puisse s'élever et atteindre celle de la source mère.

Voici les résultats des analyses que nous avons faites de cette eau minérale ; il sera facile de se convaincre, en les comparant aux précédentes, de l'identité de composition qui existe entre la buvette qui nous occupe et la source décrite plus haut :

Résultats de l'analyse.	*Analyse calculée.*
Pour 1 litre d'eau.	Pour 1 litre d'eau.
Acide carbonique..... 1,8620	Bicarbonate de soude.... 0,6675
— sulfurique...... 0,0243	— de potasse... 0,2182
— phosphorique... 0,0014	— de lithine... traces.
— arsénique...... 0,0002	— de chaux... 0,7632
— chlorhydrique.,. 0,0165	— de magnésie. 0,2722
— borique........ traces.	— de fer...... 0,0101
Silice............. 0,0490	— de mangan.. traces.
Potasse............ 0,1128	Chlorure de sodium..... 0,0266
Soude............. 0,2936	Sulfate de chaux....... 0,0413
Lithine............ traces.	Phosphate de soude..... 0,0028
Chaux............. 0,3158	Arséniate de soude...... 0,0004
Magnésie.......... 0,0865	Borate de soude........ traces.
Protoxyde de fer..... 0,0045	Sulfate de cuivre....... traces.
— de mangan. traces.	Silice............. 0,0490
Oxyde de cuivre..... traces.	Ac. crénique et apocr.... traces.
Ac. crénique et apocr.. traces.	2,0513
Oxygène.......... 2ᶜᶜ,0	Ac. carb..libre. 0,709 = 360ᶜᶜ,8
Azote............ 10ᶜᶜ,1	Oxygène..... » 2ᶜᶜ,0
	Azote........ » 10ᶜᶜ,1

Comme contrôle de l'analyse, nous avons obtenu les résultats suivants pour le poids des sels neutres et celui du résidu fixe laissé par l'évaporation de l'eau :

       Poids du résidu fixe.............. 1,4950
       Poids des sels neutres calculé....... 1,4567

Comme on le voit par les nombres précédents, l'identité de composition entre la grande et la petite source de Lamalou-le-Bas est aussi complète que possible ; il n'y a de différences que pour la quantité d'acide carbonique, qui paraît un peu plus élevée pour la seconde que pour la première. Deux déterminations de cet élément ont donné des nombres présentant entre eux de légères variations, mais toujours plus élevés que les nombres correspondant à la grande source. Cette différence, qui d'ailleurs est sans importance, ne saurait, à notre avis, être expliquée par la température un peu plus basse de la buvette, car cette température doit être initialement la même, et la différence tient évidemment à un refroidissement de la première et non à un réchauffement de la seconde. Nous trouvons, au contraire, une explication toute simple dans l'aménagement des deux sources et dans la présence du bassin d'attente ; l'eau de la buvette, en effet, arrive directement du griffon et ne s'est pas trouvée, dans son trajet, exposée à des causes qui aient pu lui faire perdre une quantité notable de son acide carbonique.

Cette source n'a été l'objet d'aucune analyse antérieure à la nôtre ; nous ne l'avons nous-même étudiée qu'à une époque de l'année ; mais il n'est pas douteux qu'elle soit aussi fixe dans sa composition que la grande source d'où elle dérive.

3. Source Cardinal. — On désigne sous le nom de source Cardinal, un petit filet qui coule en dehors de l'établissement de Lamalou, et que l'on a découvert en 1852, en creusant les fondations de l'escalier de la chapelle. Cette petite source n'est aujourd'hui d'aucune utilité et n'a pas reçu d'applications importantes ; son volume, peu considérable et soumis à de nombreuses variations, ne saurait suffire à alimenter des bains ; ce n'est donc que comme buvette qu'elle est quelquefois employée.

L'eau de cette source est limpide et abandonne au contact de l'air, comme les précédentes, un sédiment boueux en laissant dégager des bulles gazeuses. Sa température est plus basse que celle des deux sources que nous venons de décrire, et varie entre 30° et 31°. Ces variations dans la température semblent annoncer que l'eau parcourt un trajet assez long, à une petite profondeur au-dessous du sol, et subit ainsi les influences atmosphériques.

L'étude de la composition chimique vient appuyer cette hypothèse, en montrant une identité complète entre la composition de cette source et celle des précédentes. Les résultats suivants démontrent d'une manière évidente ce que nous venons d'annoncer :

Résultats de l'analyse.	*Analyse calculée.*
Pour 1 litre d'eau.	Pour 1 litre d'eau.
Acide carbonique..... 1,6050	Bicarbonate de soude.... 0,7779
— sulfurique...... 0,0231	— de potasse... 0,2027
— phosphorique... 0,0015	— de lithine... traces.
— arsénique...... 0,0002	— de chaux... 0,7586
— chlorhydrique... 0,0164	— de magnésie. 0,2996
— borique........ traces.	— de fer...... 0,0101
Silice............. 0,0495	— de mangan.. traces.
Potasse............ 0,1048	Chlorure de sodium..... 0,0258
Soude............. 0,5286	Sulfate de chaux....... 0,0393
Lithine............ traces.	Phosphate de soude..... 0,0030
Chaux............. 0,3034	Arséniate de soude...... 0,0004
Magnésie.......... 0,0952	Borate de soude........ traces.
Protoxyde de fer...... 0,0045	Sulfate de cuivre....... traces.
— de mangan.. traces.	Silice............... 0,0495
Oxyde de cuivre..... traces.	Ac. crénique et apocr... traces.
Ac. crénique et apocr.. traces.	2,1469
Oxygène........... 2^{cc},0	Ac. carb. libre. 0,579 = 192^{cc},8
Azote............. 12^{cc},5	Oxygène...... » 2^{cc},0
	Azote........ » 12^{cc},5

La comparaison du poids des sels neutres à celui du résidu fixe laissé par l'évaporation de l'eau, donne les résultats suivants :

Poids du résidu fixe...............	1,5027
Poids des sels neutres calculé.......	1,5349

Nous ne connaissons, relativement à cette source, aucune analyse antérieure à celle qui vient d'être exposée.

Il suffit de comparer entre eux les résultats qui précèdent, pour se convaincre de l'identité complète qui existe entre les trois sources de Lamalou-le-Bas. Il serait à désirer que l'on exécutât sur le griffon principal quelques travaux de captage bien dirigés, dans le but de réunir à la source mère les petits filets qui se perdent sans utilité ; nous pensons qu'on parviendrait facilement ainsi à augmenter considérablement le débit de cette source, et l'on conçoit quels seraient les avantages d'une pareille amélioration, dans une station thermale qui a déjà pris rang parmi les plus utiles et les plus importantes.

Lamalou-le-Centre.

A une petite distance et au nord de Lamalou-le-Bas, au bord d'un petit ruisseau qui descend du versant méridional de l'Usclade, sont groupées plusieurs sources thermo-minérales qui forment la station de Lamalou-le-Centre, ou de Capus. Le nombre de ces sources est assez considérable, mais il n'en est que trois qui aient été de notre part l'objet d'une étude complète ; ce sont : 1° la buvette de *Capus;* 2° la source qui alimente un établissement thermal

connu sous le nom de *bains du Capus ;* 3° enfin, un filet
d'eau minérale découvert il y a peu de temps à la suite
d'un forage effectué à côté de la source des bains : c'est la
buvette Bourges.

Les autres sources de Lamalou-le-Centre se perdent, dès
leur origine, dans le ruisseau au bord duquel elles jaillissent, et n'ont jamais été l'objet d'aucune application.

1. Source de Capus. — Ainsi appelée du nom de son
propriétaire, cette source paraît avoir une origine fort ancienne. Elle jaillit à fleur de terre et se rend dans un petit
réservoir en pierre, d'où elle s'écoule pour aller se perdre
dans le ruisseau. Le mode d'aménagement de la source
Capus est très-primitif, comme on peut le voir, et réclame
d'importantes modifications. Cette eau, très-ferrugineuse,
contient, en effet, fort peu d'acide carbonique libre, de
sorte qu'elle ne tarde pas à abandonner la plus grande
partie du fer qu'elle tient en dissolution. Il est donc regret-
table que l'on n'ait pas cherché à éviter, par un aménagement plus convenable, la perte d'une portion de l'acide
carbonique qui s'échappe dans le réservoir où l'eau séjourne ; on pourrait probablement augmenter ainsi la proportion de fer qu'elle renferme, et amoindrir en même
temps les causes qui rendent son altération si facile.

Le volume d'eau que fournit la buvette de Capus est de
25 à 30 litres par minute environ. Cette eau, parfaitement
limpide à la source, ne tarde pas à laisser déposer un sédiment fort abondant, en dégageant une petite quantité de
bulles gazeuses. Elle ne saurait être conservée, quelque
soin que l'on prenne à boucher les bouteilles qui la renfer-

ment, et deux ou trois heures suffisent pour lui faire abandonner la plus grande partie de son fer : c'est là un grave inconvénient qui ne permet pas son transport loin de la source [1]. La saveur de cette eau est fortement styptique, légèrement acidule.

L'action de la chaleur ne tarde pas à déterminer, dans l'eau de Capus, la séparation d'un dépôt jaunâtre assez foncé ; l'évaporation à siccité laisse un résidu légèrement coloré en brun, dont le poids s'élève à 0,365 par litre d'eau.

L'ébullition met également en liberté une petite quantité de gaz essentiellement formés d'acide carbonique ; ils contiennent toutefois une proportion notable d'azote et un peu d'oxygène.

La température de l'eau de Capus oscille entre 22° et 23°. Les observations de M. le professeur Dupré étendraient même les limites de ces oscillations, qui se produiraient d'après lui entre 23° et 25° ; mais ces températures nous paraissent trop élevées et sont probablement influencées par les causes d'erreur que nous avons déjà signalées à propos de la grande source de Lamalou-le-Bas. M. le docteur Privat indique au contraire une température de 21° seulement ; et, sans nier l'exactitude de cette observation, nous dirons qu'elle ne paraît pas représenter la température moyenne de la source.

Le tableau suivant indique, d'après nos analyses, la composition de l'eau de Capus :

---

[1] On pourrait sans doute donner à l'eau de Capus la propriété de se conserver sans altération, en la chargeant artificiellement de gaz carbonique, dans les bouteilles mêmes, au moyen d'appareils convenables.

Résultats de l'analyse.		*Analyse calculée.*	
Pour 1 litre d'eau.		Pour 1 litre d'eau.	
Acide carbonique.....	0,4216	Bicarbonate de soude....	0,0813
— sulfurique......	0,0391	— de potasse...	0,0768
— arsénique......	0,0002	— de lithine...	traces.
— chlorhydrique...	0,0012	— de chaux...	0,0977
— borique........	traces.	— de magnésie.	0,0758
Silice..............	0,0232	— de fer......	0,0780
Potasse.............	0,0397	— de mangan..	traces.
Soude..............	0,0440	Chlorure de sodium.....	0,0020
Lithine.............	traces.	Sulfate de chaux........	0,0665
Chaux.............	0,0376	Arséniate de soude......	0,0004
Magnésie...........	0,0241	Borate de soude	traces.
Protoxyde de fer.....	0,0351	Sulfate de cuivre.......	traces.
— de mangan.	traces.	Silice..............	0,0232
Oxyde de cuivre.....	traces.	Ac. crénique et apocr...	traces.
Ac. crénique et apocr..	traces.		0,5017
Oxygène...........	1cc,50	Ac. carb.libre.. 0,1825=53cc,68	
Azote.............	13cc,25	Oxygène..... »	1cc,50
		Azote........ »	13cc,25

La quantité de résidu fixe laissé par l'évaporation de l'eau et le poids des sels neutres, sont exprimés par les nombres suivants :

Poids du résidu fixe.............. 0,5650

Poids des sels neutres calculé....... 0,5821

Cette composition, déterminée par trois analyses concordantes effectuées à diverses époques de l'année, ne paraît soumise à aucune variation.

L'eau de Capus est remarquable par la petite quantité de principes minéralisateurs, et par la proportion considérable de fer qui entrent dans sa composition. De toutes les sources de Lamalou, celle de Capus est de beaucoup la moins minéralisée, et c'est en même temps celle qui renferme la plus grande quantité de fer. La proportion de bicarbonate de fer s'élève, en effet, à 8 centigrammes par litre environ, ce qui place naturellement l'eau de Capus à côté de celles de *Forges* et de *Spa*, fort analogues d'ailleurs à la première par l'ensemble de leur composition.

Cette source a été étudiée avant nous par Saintpierre, en 1809, et plus tard par MM. Bonnet, Bernard et Carrière (de Béziers), qui ont été chargés en 1860 d'une analyse officielle publiée la même année par M. O. Henry[1]. Voici les résultats de ces deux analyses, qui présentent avec la nôtre des analogies et des différences notables.

SAINTPIERRE (1809).		BONNET, BERNARD ET CARRIÈRE.	
Pour 1 litre d'eau.		Pour 1 litre d'eau.	
Carbonate de soude...	0,0935	Acide carbonique libre...	peu.
Sulfate de soude......	0,0625	Bicarbonate de chaux....	0,1610
Muriate de soude.....	0,0512	— de magnésie.	0,0390
Carbonate de chaux...	0,0625	— de soude... }	0,1602
— de magnésie.	0,0082	— de potasse. }	
— de fer.....	0,0161	— d'ammoniaq.	0,0046
Mat. colorante et perte.	0,0700	— de fer......	0,0770
		— de mangan..	0,0040
	0,3456	Sulfate de chaux........	0,0260
		— de soude........	0,0278
		Chlorure de sodium.....	0,0053
		Phosphate d'alumine... }	0,0568
		Silice.............. }	
		Principe arsenical..... }	traces.
		Matière organiq. azotée. }	
			0,5597

[1] O. Henry; *Bulletins de l'Académie impériale de médecine*, no 7, 15 juin 1860.

Afin de rendre plus facile la comparaison de ces diverses analyses, nous avons calculé, d'après les données précédentes, les quantités d'acides et de bases correspondant aux composés salins. Le tableau suivant réunit les résultats des trois analyses :

	SAINTPIERRE.	BONNET, BERNARD ET CARRIÈRE.	MOITESSIER.
Acide sulfurique....	0,0551	0,0512	0,0591
— chlorhydrique..	0,0180	0,0019	0,0012
— borique......	»	»	traces.
— phosphorique.			
Silice............	»	0,0568	0,0232
Alumine.........			
Potasse.........			0,0597
Soude..........	0,0976	0,0801	0,0440
Lithine.........			traces.
Ammoniaque.......	»	traces.	»
Chaux...........	0,0349	0,0747	0,0576
Magnésie.........	0,0059	0,0124	0,0241
Oxyde de fer.......	0,0099	0,0346	0,0551
— de manganèse.	»	0,0017	traces.
— de cuivre.....	»	»	traces.
Acide arsénique....			0,0002
Matière organique..	»	traces.	traces.

Ces trois analyses présentent quelques concordances remarquables qui contrastent avec des différences assez tranchées. C'est ainsi que les bases alcalines se trouvent représentées par des nombres à peu près identiques, tandis qu'il y a des écarts considérables pour la chaux et la magnésie. L'identité que nous avons observée dans les résultats de trois analyses effectuées à diverses époques de l'année, ne nous permet pas d'expliquer ces différences par une variation dans la composition de l'eau ; il est d'ailleurs digne de remarque que la quantité de chaux déterminée par Saint-pierre, en 1809, correspond assez exactement à celle que nous indiquons, de sorte que nous ne saurions admettre comme exact celui de la troisième analyse. La présence de petites quantités d'ammoniaque, signalées dans cette source par MM. Bonnet, Bernard et Carrière, nous paraît douteuse et nous n'avons pu, par les recherches les plus délicates, en démontrer l'existence. Nous en dirons autant de l'alumine et de l'acide phosphorique, que nous n'avons jamais trouvés ni dans l'eau elle-même ni dans les sédiments qu'elle abandonne. Ces deux corps ne paraissent pas d'ailleurs avoir été isolés par ces chimistes, qui n'en ont pas fait de dosage spécial. Enfin, l'oxyde de cuivre, dont l'existence est très-facile à démontrer dans la source de Capus, comme dans toutes celles de Lamalou, n'a pas été signalé par MM. Bonnet, Bernard et Carrière ; mais nous ne doutons pas qu'ils ne l'eussent trouvé comme nous, si leur attention eût été attirée vers la recherche de cette substance.

Analyse des sédiments. — La source de Capus laisse déposer des sédiments ocreux très-abondants qui se rassemblent au fond du réservoir dont nous avons parlé. Le petit ruisseau dans lequel elle vient se perdre en contient aussi de grandes quantités, qui forment au fond de l'eau une couche épaisse, d'une couleur brunâtre caractéristique. Il a été facile de recueillir cette matière dans un grand état de pureté, et nous l'avons soumise à une étude complète. Le tableau suivant indique la composition de ce sédiment :

Carbonate de chaux...................	2,25
— de magnésie.............	0,18
Peroxyde de fer..................	83,40
Arséniate de fer..................	0,08
Silice.........................	3,75
Sulfate de baryte. .... ⎱	, 0,07
— de strontiane.............. ⎰	
Oxyde de cuivre.	0,04
— de manganèse	0,12
— de cobalt. .... ⎫	
— de nickel................. ⎬	traces.
— de zinc. .... ⎭	
Acide crénique. .... ⎫	
— apocrénique................ ⎬	traces.
Matière organique azotée........... ⎭	
Perte........................	0,51
	100,000

La constitution chimique du sédiment de Capus, identique qualitativement avec celle des dépôts ocreux de Lamalou-le-Bas, en diffère notablement au point de vue des proportions relatives des substances que l'on y trouve. C'est ainsi que l'oxyde de fer y existe en quantité beaucoup plus considérable, tandis que le carbonate de chaux n'entre que pour deux ou trois centièmes dans la composition des boues de Capus. La matière organique et l'arsenic y sont aussi plus abondants. L'oxyde de cuivre existe en quantité à peu près égale dans les sédiments des deux sources; mais nous avons déjà vu que les concrétions solides de Lamalou-le-Bas en renfermaient une proportion plus élevée. Enfin, le cobalt, le nickel, le zinc, la baryte et la strontiane ont été retrouvés et caractérisés très-nettement dans les dépôts de Capus, comme dans ceux de Lamalou-le-Bas, et les résultats obtenus viennent en quelque sorte confirmer les premiers.

2. BAINS DU CAPUS. — Les bains du Capus, connus aussi sous le nom de bains de Villecelle, bains de Lamalou-le-Centre, sont alimentés par une source dont la découverte remonte à quelques années seulement, et qui jaillit à quelques mètres de celle que nous venons d'étudier. Son débit est de 50 litres par minute environ, ce qui suffit à la consommation des bains qu'elle alimente. L'eau de cette source est recueillie dans un bassin d'attente, situé sous le chauffoir des hommes, d'où on la distribue dans les diverses parties de l'établissement.

Par ses caractères physiques, cette eau ressemble beaucoup à celle de Lamalou-le-Bas, elle en diffère toutefois par la plus grande quantité de bulles gazeuses qu'elle laisse dégager, et par sa température qui n'est que de 26° à 27°. Elle se trouble sous l'influence de la chaleur, et l'évaporation à siccité laisse un résidu blanc jaunâtre. Les gaz mis en liberté par l'ébullition sont presque entièrement formés d'acide carbonique, et ne renferment que très-peu d'azote.

A cause de cette basse température, l'eau ne saurait être employée pour des bains sans avoir été artificiellement échauffée. Une chaudière à vapeur parfaitement installée est destinée à remplir ce but. Plusieurs tubes qui viennent s'ouvrir sur les parois latérales des piscines, amènent dans celles-ci de la vapeur d'eau surchauffée, et ce n'est que lorsque leur température est suffisamment élevée qu'on les remplit d'eau minérale. On peut ainsi, sans altérer en au-

6

cune façon les propriétés de l'eau, augmenter sa température
de 6 à 7 degrés, et la rendre propre à alimenter un établissement de bains. L'eau qui doit servir aux douches est
chauffée par une méthode analogue, dans un réservoir supérieur où on l'élève au moyen d'une pompe. Cet aménagement, que l'on ne trouve dans aucun des autres établissements thermaux de Lamalou, peut être d'une grande
utilité aux médecins, en permettant de régler à volonté la
température des bains entre 26° et 35°, selon la susceptibilité des malades ou l'action médicale que l'on veut produire.

L'eau des bains du Capus, avons-nous dit, laisse dégager
une quantité de gaz plus considérable que celle de Lamalou-
le-Bas. Cette circonstance est la cause d'une différence
dans les sensations que produisent les bains du Capus.
On ne tarde pas à voir, en effet, une quantité de bulles
gazeuses s'appliquer à la surface de la peau, et donner lieu
à un picottement et à une rubéfaction plus considérables
que ne le font les autres sources. L'élévation artificielle de
la température nous paraît faciliter la production de ce
phénomène, dont le médecin peut tirer de très-heureux
résultats.

Cette source présente, dans sa composition chimique,
de grandes analogies avec celles de Lamalou-le-Bas, et
surtout avec celles de Lamalou-le-Haut, que nous étudie-
rons plus loin. Le tableau suivant indique les résultats
analytiques que nous avons obtenus. L'eau soumise à
l'analyse a été puisée dans le bassin d'attente dont nous
avons déjà parlé.

Résultats de l'analyse.		*Analyse calculée.*	
Pour 1 litre d'eau.		Pour 1 litre d'eau.	
Acide carbonique	1,6240	Bicarbonate de soude	0,4495
— sulfurique	0,0287	— de potasse	0,1424
— phosphorique	traces.	— de lithine	traces.
— arsénique	0,0002	— de chaux	0,5891
— chlorhydrique	0,0142	— de magnésie.	0,1979
— borique	traces.	— de fer	0,0180
Silice	0,0225	— de mangan..	traces.
Alumine	traces.	Chlorure de sodium	0,0229
Potasse	0,0756	Sulfate de chaux	0,0488
Soude	0,1858	Phosphate de soude	traces.
Lithine	traces.	Borate de soude	traces.
Chaux	0,2492	Arséniate de soude	0,0004
Magnésie	0,0629	Sulfate de cuivre	traces.
Protoxyde de fer	0,0081	Silice	0,0225
— de mangan .	traces.	Alumine	traces.
Oxyde de cuivre	traces.	Ac. crénique et apocr	traces.
Ac. crénique et apocr.	traces.		1,4915
Oxygène	traces.	Ac. carb. libre. 0,773 = 393^{cc},30	
Azote	6^{cc},00	Oxygène	» traces.
		Azote	» 6^{cc},00

Les nombres suivants représentent le poids des sels neutres calculé d'après les données précédentes, et celui du résidu fixe laissé par l'évaporation :

Poids du résidu fixe.............. 1,0350

Poids des sels neutres calculé....... 1,0699

On voit, d'après les nombres qui précèdent, combien la composition de cette source ressemble à celles de Lamalou-le-Bas. La seule différence sensible porte sur la quantité de bicarbonates alcalins, qui est notablement plus faible dans l'eau de Lamalou-le-Centre. Le fer y existe au contraire en proportion un peu plus considérable, ce qui la rapproche de la buvette de Capus.

Deux analyses de la source des bains du Capus ont été faites antérieurement à celle qui vient d'être exposée : la première par MM. Bernard, Fraisse et Audouard (de Béziers); la seconde par M. O. Henry[1]. Nous donnons ici les résultats obtenus par ces chimistes :

BERNARD, FRAISSE ET AUDOUARD.		O. HENRY.	
Ac. carbon. (libre ou formant des bicarbonat.).	1,6866^{lit}	Acide carbonique libre.	1/2 vol.
Azote..............	0,0084	Azote...............	quant. ind.
Carbonate d'ammoniaq.	0,0005^{gr}	Bicarbonate de chaux. $\big\}$ de magnésie..	0,678
Carbonate de magnésie.	0,0719	— de soude......	traces.
— de soude....	0,5677	— de potasse.....	0,420
Sulfate de soude......	0,0428	— de fer crénaté et	
Chlorure de sodium...	0,0092	apocrénaté. .	0,051
Alumine...........	0,0055	Sulfate de soude..... $\big\}$ — de chaux....	0,065
Carbonate de chaux...	0,4275		
Phosphate d'alumine...	0,0057	Chlorure de sodium...	0,010
Carbonate de mangan..	0,0060	Acide silicique......	
Fer avec crén. et apocr.	0,0221	Silicate d'alumine.... $\Big\}$ Manganèse........ Phosphate d'alumine.	0,025
Silice.............	0,0181		
Sulfate de chaux......	0,0270		
Principe arsenical.....	sensible.	Principe arsenical.....	quant. sens.
Matière organique azoté	0,0243	Matière organique.....	quant. ind.
	1,0258		1,229

Le calcul de ces analyses, appuyé sur des bases différentes

[1] *Bulletins de l'Académie de médecine*, tom. XIV ; 1848.

de celles que nous avons adoptées, rend impossible toute
comparaison directe, et nous avons dû, comme nous l'avons
fait précédemment, transformer ces composés salins en leurs
éléments. Malheureusement, l'analyse de M. O. Henry, dans
laquelle beaucoup de substances ont été dosées ensemble,
ne se prête pas à cette transformation, et elle ne donne
d'ailleurs, pour le même motif, qu'une idée incomplète sur
la constitution de l'eau de cette source. On pourra, par le
tableau suivant, établir une comparaison entre les résultats
que nous avons obtenus et ceux des recherches de MM. Bernard, Fraisse et Audouard.

	BERNARD, FRAISSE ET AUDOUARD.	MOITESSIER.
Acide carbonique.......	3,6950	1,6240
— sulfurique........	0,0400	0,0287
phosphorique.....	traces.	traces.
— chlorhydrique.....	0,0065	0,0142
— arsénique........	traces.	0,0004
— borique.........	0	traces.
Silice..............	0,0181	0,0225
Alumine............	traces.	traces.
Potasse.............		0,0756
Soude..............	0,2197	0,1855
Lithine.............		traces.
Chaux..............	0,2505	0,2492
Magnésie...........	0,0547	0,0629
Protoxyde de fer.......	0,0157	0,0081
— de manganèse.	traces.	traces.
Oxyde de cuivre.......	0	traces.
Matière organique.......	0,0245	traces.

Ces deux analyses présentent, pour le plus grand nombre
des éléments, une concordance assez parfaite; le fer toutefois

est en quantité beaucoup plus considérable dans la première. Nous avons déjà signalé, au commencement de ce travail, la cause probable de ces différences, que nous croyons trouver dans l'imperfection des procédés analytiques mis en usage. Nous ne saurions, non plus, être d'accord avec MM. Audouard, Bernard et Fraisse, relativement à la quantité d'arsenic, qu'ils ne craignent pas d'évaluer dans leur rapport à 24 parties sur 100,000 parties d'eau minérale, ce qui correspondrait à $0^{gr},0024$ par litre. Nous n'avons trouvé dans aucune des eaux de Lamalou une proportion aussi élevée de cette substance, et nous croyons nous rapprocher beaucoup plus de la vérité, en évaluant la quantité d'arsenic à un dixième seulement de celle qui est indiquée par ces chimistes. Quant à l'oxyde de cuivre, qui ne figure que dans notre analyse, nous le considérons, malgré sa faible proportion, comme un élément fort important au point de vue de l'action médicale des eaux minérales ; et, quoiqu'il n'ait été signalé dans aucune des deux analyses précédentes, nous n'hésitons pas à admettre son existence avec une certitude absolue. Nous ne chercherons pas à discuter ici la méthode d'après laquelle ces divers éléments ont été groupés par le calcul, aucune des méthodes employées n'étant complètement à l'abri de reproches.

Analyse des sédiments. — L'eau des bains du Capus laisse déposer, comme les autres sources de Lamalou, un sédiment ocracé que l'on peut recueillir en grande quantité dans les piscines, lorsque l'eau y a séjourné pendant quelque temps. La composition de ce sédiment se rapproche beaucoup de celle des autres dépôts boueux analogues. Sans l'avoir soumis à une analyse aussi complète que les précédents, nous avons pu nettement y démontrer la présence du cuivre, de l'arsenic et du manganèse, mais nous ne doutons pas que les autres substances que nous avons indiquées (cobalt, nickel, etc.) ne s'y trouvent également. Le dosage des éléments qui forment la base de la constitution de ces sédiments, nous a donné les résultats suivants :

Carbonate de chaux...............	14,52
— de magnésie............	1,10
Peroxyde de fer..................	61,40
— de manganèse...........	0,15
Arséniate de fer..................	0,08
Oxyde de cuivre.	0,05
Silice.........................	4,20
Sulfate de baryte................ } de strontiane............. }	0,05
— de strontiane.............	
Matière organique................	18,50
Perte.........................	0,15
	100,00

Cette analyse établit un rapprochement de plus entre la source des bains du Capus et celles de Lamalou-le-Haut. On verra plus loin, en effet, que les sédiments abandonnés par ces dernières offrent avec ceux-ci une grande analogie de composition.

5. BUVETTE BOURGES. — Tout à côté de la source dont il vient d'être question, un forage pratiqué en 1858 a donné issue à un filet d'eau minérale très-gazeuse, qui est désigné sous le nom de buvette Bourges. Cette petite source, dé-

pendance du griffon principal qui alimente les bains, est captée avec le plus grand soin, de sorte qu'à son émergence elle n'a rien perdu de ses propriétés naturelles. Un dôme en maçonnerie, installé au-dessus de l'ouverture du trou de sonde, s'oppose à toute perte de gaz, et prévient ainsi toute altération de l'eau. Aussi, l'eau de cette buvette est-elle sensiblement plus gazeuse que celle des bains du Capus, et la quantité d'acide carbonique qu'elle contient lui donne la propriété de se conserver sans décomposition, malgré la proportion assez élevée de fer qu'elle renferme. Nous avons pu constater qu'après un séjour d'une année dans des bouteilles parfaitement bouchées, l'eau de cette source avait conservé toute sa limpidité et n'avait subi aucune altération. Au contact de l'air, au contraire, elle se décompose assez rapidement et laisse déposer un sédiment analogue à celui des autres sources de Lamalou, en même temps qu'elle abandonne un grand nombre de bulles gazeuses.

La température de la buvette Bourges est de 26°,8, et n'a éprouvé aucune variation aux diverses époques de l'année où nous l'avons observée; cette température est tout à fait identique, comme on le voit, à celle des bains. La saveur de cette eau est styptique et très-acidule.

Quant à sa composition chimique, plusieurs analyses nous ont démontré que, sauf une proportion un peu plus considérable d'acide carbonique libre, il y a identité absolue avec la source qui alimente les bains. Voici le résultat de ces analyses :

Résultats de l'analyse.	*Analyse calculée.*
Pour 1 litre d'eau.	Pour 1 litre d'eau.
Acide carbonique..... 1,8220	Bicarbonate de soude.... 0,4744
— sulfurique 0,0240	— de potasse... 0,1551
— phosphorique... traces.	— de lithine... traces.
— arsénique...... 0,0002	— de chaux.... 0,6210
— chlorhydrique... 0,0102	— de magnésie. 0,2020
— borique....... traces.	— de fer...... 0,0220
Silice.............. 0,0285	— de mangan.. traces.
Alumine........... traces.	Chlorure de sodium..... 0,0164
Potasse........... 0,0802	Sulfate de chaux........ 0,0408
Soude............. 0,1961	Phosphate de soude..... traces.
Lithine............ traces.	Arséniate de soude...... 0,0004
Chaux............. 0,2585	Borate de soude........ traces.
Magnésie........... 0,0642	Sulfate de cuivre....... traces.
Protoxyde de fer..... 0,0099	Silice.............. 0,0185
— de mangan. traces.	Alumine............. traces.
Oxyde de cuivre...... traces.	Ac. crénique et apocr... traces.
Ac. crénique et apocr. traces.	1,5606
Oxygène........... 0cc,50	Ac. carb. libre. 0,928 = 472cc,2
Azote............ 6cc,50	Oxygène...... » 0cc,50
	Azote........ » 6cc,50

Le poids des sels neutres et celui du résidu fixe abandonné par l'évaporation de l'eau, sont représentés par les nombres suivants :

Poids du résidu fixe.............. 1,0970
Poids des sels neutres calculé....... 1,1157

Lamalou-le-Haut.

Le plateau de Lamalou-le-Haut, situé à un kilomètre environ au nord de Capus, possède plusieurs sources différentes par leur composition chimique et leurs propriétés médicales, qui en font un centre hydro-minéral d'une grande importance. Les deux sources principales qui alimentent l'établissement thermal, et dont la découverte remonte à quelques années seulement, ont déjà, par leur action thérapeutique et par la quantité d'eau qu'elles fournissent, assigné un rang important à ces thermes, dont le succès augmente à mesure qu'ils deviennent plus connus; de plus, quelques sources froides ont reçu d'utiles applications comme buvettes, et plusieurs filets minéraux qui se perdent aujourd'hui sans utilité, pourraient être exploités avec avantage et accroître encore les ressources médicales de Lamalou-le-Haut. C'est ainsi que l'on voit, dans les schistes qui bordent le ruisseau du vallon, suinter plusieurs filtrations ferrugineuses qui se mêlent à l'eau du ruisseau, et l'on retrouve même à une petite distance les restes d'un ancien établissement alimenté autrefois par une source qui se perd aujourd'hui.

Parmi ces nombreuses sources, quatre ont été l'objet d'une étude complète ; ce sont :

1o L'*ancienne source* ou *source tempérée*, qui alimente une partie des piscines de l'établissement thermal.

2o La *nouvelle source* ou *source chaude*, la plus importante de toutes celles de Lamalou-le-Haut; elle sert, comme la précédente, à alimenter les bains.

3º Le *Petit-Vichy*, situé sur la rive gauche du ruisseau de Lamalou, à une petite distance des précédentes.

4º La *source de la mine*, qui sort d'une ancienne galerie de mine, à quelques mètres du Petit-Vichy. Ces deux dernières ne sont employées que comme buvettes.

1. ANCIENNE SOURCE. — La découverte de cette source, désignée aussi sous le nom de *source tempérée*, remonte à quelques années seulement : c'est en 1842 qu'eurent lieu, sous les auspices de M. le professeur Dupré, les premières recherches qui la firent découvrir. On s'était aperçu depuis longtemps que l'eau qui jaillissait d'un rocher placé transversalement dans le lit du ravin de Lamalou-le-Haut, avait une température supérieure à celle du ruisseau. Cette observation décida les propriétaires à faire quelques recherches, et, après avoir détourné le lit du torrent, on ne tarda pas à isoler une source thermale d'une température de 26º à 27º seulement. On se proposait de s'arrêter à cette découverte, lorsque de nouvelles fouilles conduisirent à une série de griffons minéraux, de température et de volume variables. Ces divers griffons, qui ont probablement une origine commune, furent captés avec soin sous la direction de M. François, ingénieur en chef des mines, et réunis dans une même galerie ; ils constituent la source dont nous nous occupons en ce moment. Quant au filet primitif, il a été complètement abandonné à cause de sa température trop basse ; il existe pourtant encore aujourd'hui au-dessous du chauffoir des hommes, et pourrait être utilisé au besoin [1].

[1] Boissier ; *Étude sur le vallon thermal de Lamalou et sur les bain de Lamalou-le-Haut en particulier*. Montpellier, 1855.

Le volume d'eau émis par ces divers griffons réunis est
considérable ; il résulte d'un jaugeage direct fait par
M. François, que le débit total de la source est de 172
litres par minute. Une semblable masse d'eau suffit largement à l'alimentation des piscines et des douches, sans
l'intermédiaire d'un réservoir d'attente, tout en permettant
le renouvellement continu de l'eau pendant la durée des
bains.

En même temps que l'eau minérale, s'échappe du sol
une quantité de gaz, qui peut, dans certaines circonstances,
devenir très-considérable ; c'est ainsi qu'en temps d'orage,
le dégagement gazeux a quelquefois été assez abondant
pour éteindre des bougies promenées à la surface de l'eau[1].
Ce phénomène est devenu beaucoup moins sensible depuis
que l'on a apporté à l'aménagement des eaux quelques modifications qui permettent aux gaz de se dégager avant
d'arriver dans les piscines. Nous avons vu qu'un fait analogue se produisait autrefois à Lamalou-le-Bas, où il attei-
gnait même une plus grande intensité.

Par ses propriétés physiques, autant que par sa composition chimique, l'eau de cette source présente les plus
grandes analogies avec la plupart de celles que nous avons
précédemment étudiées. Elle paraît limpide quand on
l'examine sous un petit volume, tandis qu'elle est trouble
et jaunâtre si on la voit en grande masse. Elle s'altère
rapidement au contact de l'air, en laissant dégager de
nombreuses bulles gazeuses et en abandonnant un sédiment ocreux fort abondant qui s'accumule dans tous les

[1] Boissier, *loc. cit.*

endroits où elle séjourne. L'action de la chaleur détermine rapidement la formation d'un abondant précipité brun, et l'évaporation à siccité laisse un résidu blanc jaunâtre noircissant légèrement par la calcination. Le poids de ce résidu s'élève à $1^{gr},050$ par litre d'eau. Quant aux gaz mis en liberté par l'ébullition, ils sont essentiellement formés d'acide carbonique et ne contiennent qu'une faible quantité d'azote et d'oxygène. La saveur de cette eau est aigrelette et styptique.

La température de cette source est de 30° à 31°, au point de réunion des divers griffons qui la composent, et ne présente que de très-légères variations aux diverses époques de l'année. Dans les piscines, l'eau n'a plus que 29°; elle éprouve, comme on le voit, un refroidissement relativement assez considérable, qu'il serait facile d'éviter en prenant des précautions convenables : il suffirait, par exemple, d'entourer les tuyaux qui l'amènent aux piscines de substances conduisant mal la chaleur, pour diminuer de beaucoup cette perte de calorique.

Les sensations que l'on éprouve dans les bains de cette source sont assez semblables à celles que produisent les bains de Lamalou-le-Bas. La différence de température est toutefois fort appréciable, surtout au début; de plus, la proportion plus considérable d'acide carbonique produit sur le corps une impression particulière qui ne tarde pas à se dissiper à mesure que le bain se prolonge.

Quant à sa constitution chimique, quoique essentiellement composée des mêmes éléments, l'ancienne source de Lamalou-le-Haut présente avec celles de Lamalou-le-Bas quelques différences dans leur proportion. Moins riche en

carbonates alcalins, elle contient une plus grande quantité de fer, de phosphates et d'acide carbonique libre. Les matières organiques paraissent également y être un peu plus abondantes [1]. Les analogies sont beaucoup plus frappantes, si l'on compare la source de Lamalou-le-Haut à celle qui alimente les bains du Capus; il y a en effet entre les deux une identité presque complète. Le tableau suivant donne, d'après nos analyses, la composition de cette source :

Résultats de l'analyse.		*Analyse calculée.*	
Pour 1 litre d'eau.		Pour 1 litre d'eau.	
Acide carbonique.....	1,1460	Bicarbonate de soude....	0,5172
— sulfurique......	0,0161	— de potasse...	0,1994
— phosphorique...	0,0028	— de lithine...	traces.
— arsénique......	0,0002	— de chaux...	0,6228
— chlorhydrique., .	0,0157	— de magnésie.	0,1960
— borique........	traces.	— de fer......	0,0229
Silice.............	0,0445	— de mangan..	traces.
Alumine...........	traces.	Chlorure de sodium.....	0,0254
Potasse............	0,1031	Sulfate de chaux.......	0,0286
Soude.............	0,1475	Phosphate de soude.....	0,0056
Lithine............	traces.	Arséniate de soude......	0,0004
Chaux.............	0,2547	Borate de soude........	traces.
Magnésie...........	0,0623	Sulfate de cuivre......,	traces.
Protoxyde de fer.....	0,0103	Silice.............	0,0445
— de mangan.	traces.	Alumine............	traces.
Oxyde de cuivre.....	traces.	Ac. crénique et apocr....	traces.
Ac. crénique et apocr..	traces.		1,4628
Oxygène...........	2cc,50	Ac. carb..libre. 0gr,637=521cc,00	
Azote.............	6cc,00	Oxygène..... »	2cc,50
		Azote........ »	6cc,00

[1] Outre la matière organique que l'eau tient en dissolution, on voit flotter dans les piscines quelques flocons de substance organique ayant la consistance d'une gelée très-claire.

Le poids des sels neutres, calculé d'après les données précédentes, correspond sensiblement à celui du résidu fixe, laissé par l'évaporation de l'eau. On obtient, en effet, les nombres suivants, qui présentent une concordance remarquable :

Poids du résidu fixe.............. 1,0500
Poids des sels neutres calculé....... 1,0582

Nous avons étudié cette source à deux époques de l'année (juin et septembre), sans observer de différences notables dans les résultats de l'analyse. La quantité d'acide carbonique même n'a subi que des variations tout à fait insensibles.

On peut juger, par les nombres qui précèdent, des rapports naturels qui unissent les eaux de Lamalou-le-Haut à celles qui ont déjà été décrites. L'étude des propriétés médicales vient de plus confirmer ces analogies, qui se montrent également dans l'action thérapeutique et dans la constitution chimique.

Une analyse de cette source avait déjà été faite en 1844, par MM. Audouard, Bernard et Martin (de Béziers). Nous empruntons au rapport de ces chimistes, inséré dans le journal de *Chimie médicale*, les résultats de leur travail[1] :

---

[1] *Journal de chimie médicale, de pharmacie et de toxicologie*, tom. X, 2e série, 1844.

Substances volatiles.	Pour 1 litre.
	lit.
Acide carbonique (libre ou formant des bicarbonates).	1,2649
Azote...	0,0065
Carbonate d'ammoniaque......................	0,0044

Substances fixes.	
Sulfate de soude...........................	0,0458
— de chaux...........................	0,0270
Chlorure de sodium.........................	0,0086
Carbonate de soude.........................	0,3655
— de fer, contenant des crénate et apocrénate de sesquioxyde...................	0,0221
— de manganèse.....................	0,0060
— de chaux.........................	0,4000
— de magnésie......................	0,0667
Phosphate d'alumine........................	0,0027
Silice.....................................	0,0180
Alumine...................................	0,0051
Matière organ. formant les acides crénique et apocr.	0,0599
	1,0272

Les différences considérables qui paraissent, au premier abord, exister entre cette analyse et la nôtre, ne tiennent qu'à la méthode adoptée pour calculer les données de l'expérience. En remontant des composés salins qui viennent d'être énumérés, à leurs principes constituants, les résultats deviennent alors comparables et présentent dans leur ensemble un accord remarquable, comme on peut s'en convaincre par le tableau suivant :

	AUDOUARD, BERNARD ET MARTIN.	A. MOITESSIER.
Acide carbonique............	2,8565	1,4460
— sulfurique.............	0,0418	0,0161
— arsénique.............	»	0,0002
— chlorhydrique.........	0,0055	0,0157
— borique.............	»	traces.
Silice....................	0,0180	0,0445
Alumine.................	0,0078	traces.
Acide phosphorique.........		0,0028
Potasse.................		0,1051
Soude....................	0,2180	0,1475
Lithine..................		traces.
Ammoniaque...............	traces.	»
Chaux....................	0,2551	0,2547
Magnésie..................	0,0521	0,0625
Protoxyde de fer............	0,0157	0,0105
— de manganèse......	0,0057	traces.
Oxyde de cuivre...........	»	traces.
Acides crénique et apocrénique.	0,0418	traces.

La comparaison des nombres précédents établit une concordance assez complète pour la plupart des résultats ; c'est ainsi que la soude de la première analyse représente assez exactement la somme des alcalis de la seconde ; la chaux et le fer sont parfaitement d'accord dans les deux, et l'on n'observe de différences un peu notables que pour la magnésie et l'acide sulfurique ; il ne serait pas impossible que la source n'eût, depuis l'époque à laquelle remonte la première analyse, éprouvé à cet égard de légères modifications. Il existe cependant, relativement à l'acide carbonique, un écart considérable que nous avons de la peine à expliquer. Quant à la matière organique, le nombre donné

par MM. Audouard, Bernard et Martin nous semble un peu
élevé. Quoique les acides crénique et apocrénique paraissent
exister en proportion un peu plus considérable à Lamalou-
le-Haut que dans toutes les autres sources du vallon, nous
n'avons pu en faire aucun dosage présentant quelque ga-
rantie d'exactitude. Enfin, l'arsenic et le cuivre, qui ne sont
pas signalés dans la première analyse, existent cependant
en proportion appréciable dans l'eau de cette source aussi
bien que dans les autres, et n'ont probablement pas été
recherchés par MM. Audouard, Bernard et Martin.

Analyse des sédiments. — L'eau des sources de Lamalou-le-Haut laisse déposer, avons-nous dit, un sédiment
ocreux analogue à tous ceux qui ont été précédemment décrits. L'étude de ces dépôts démontre que, sauf quelques
variations dans la proportion des substances qu'ils renferment, leur constitution est tout à fait identique à celle des
autres sédiments abandonnés par les sources voisines. Nous
avons, en effet, pu y déceler l'existence de toutes les substances que nous avons déjà indiquées dans ceux de Capus
et de Lamalou-le-Bas. Les sédiments de Lamalou-le-Haut
présentent toutefois quelques particularités que nous devons
signaler. Les dépôts ocracés de toutes les sources de Lamalou sont d'une couleur brunâtre tant qu'ils sont humides,
et deviennent jaunes par la dessiccation ; ceux de la source
qui nous occupe conservent, au contraire, quand ils sont
secs, la même teinte qu'ils avaient lorsqu'ils étaient humides, et possèdent une couleur beaucoup plus foncée que
les précédents. Cette différence nous paraît dépendre d'une
proportion plus considérable de matière organique, et

peut-être aussi de la nature de cette matière ; car, bien
que nous ayons nettement constaté les réactions caractéristiques des acides crénique et apocrénique, ceux-ci paraissent
associés à une autre substance organique azotée plus abondante que dans les autres sources. Les nombres suivants
expriment la composition de ces sédiments :

Carbonate de chaux......................	7,40
— de magnésie...............	0,72
Peroxyde de fer....................	77,89
— de manganèse..............	0,10
Arséniate de fer....................	0,07
Silice...........................	1,03
Sulfate de baryte................ }	
— de strontiane............... }	0,05
Oxyde de cuivre...................	0,03
— de cobalt.................. \	
— de nickel.................. }	traces.
— de zinc................... /	
Matière organique..................	12,45
Perte...........................	0,26
	100,00

2. Nouvelle source. — Un forage effectué en 1858,
sous la direction de M. François, à côté des griffons précédents, fit jaillir une colonne d'eau considérable qui constitue la *nouvelle source* ou *source chaude* de Lamalou-le-
Haut. L'eau qui en provient arrive à la surface du sol par
un trou de sonde de 10 à 15 centimètres de diamètre,
et est accompagnée d'une très-grande quantité de gaz qui
produit à l'émergence un bouillonnement tumultueux.
Cette source, de beaucoup la plus abondante de tout le
vallon, fournit un volume d'eau qui s'élève à 250 litres par

minute. Un pareil débit lui permet amplement d'alimenter
sans réservoirs d'attente plusieurs piscines, baignoires,
douches, etc.

Pendant les travaux effectués pour l'aménagement de
cette source, on observa un phénomène remarquable, qui
nous a été signalé par M. Aujoulet, administrateur de
l'établissement : des tuyaux avaient été disposés au-dessus
du trou de forage, pour essayer d'élever le niveau de l'eau ;
à une hauteur de 3 à 4 mètres, on vit la source devenir
intermittente, et l'on fut obligé d'abandonner ce projet. Il
n'est pas sans intérêt de rapprocher ce fait de celui que
nous avons déjà signalé à Lamalou-le-Bas, et que nous avons
essayé d'expliquer par une intermittence dans l'émission de
l'eau.

Cette eau est complètement identique, par ses propriétés
physiques autant que par sa composition chimique, à celle
de l'ancienne source ; sa température est toutefois plus élevée, et cette circonstance a dû déterminer les propriétaires
à la capter sans la mélanger à la précédente, ce qui permet
à l'établissement de Lamalou-le-Haut de donner des bains à
des températures différentes, sans faire intervenir la chaleur artificielle.

La température de la nouvelle source est de 32°,5 à 33°
au griffon ; elle ne subit aux diverses époques de l'année que
des oscillations très-légères, et n'est pas influencée par les
variations atmosphériques. L'eau minérale se rend, dès son
émergence, par des tuyaux de conduite en maçonnerie, dans
les piscines des bains, et, malgré la brièveté du trajet qu'elle
parcourt, elle subit un refroidissement appréciable, qui
pourrait être atténué par un aménagement mieux entendu ;

la température de l'eau dans les piscines n'est plus, en effet, que de 31°,5 à 32°. Quoique ce refroidissement, qui n'est que de un degré environ, puisse paraître insignifiant, on comprend cependant toute l'importance qu'il y aurait à n'éprouver aucune perte de calorique dans des sources dont la température est précisément celle que l'on doit rechercher pour des bains.

Les sensations que l'on éprouve dans les bains de cette source ont les plus grandes analogies avec celles que produisent les eaux de Lamalou-le-Bas, qui présentent d'ailleurs des conditions à peu près semblables de température et de composition chimique. Nous reviendrons plus loin sur leur action thérapeutique, qui vient établir de nouveaux rapprochements avec les autres sources du vallon.

La nouvelle source laisse déposer, comme l'ancienne, un sédiment ocracé fort abondant, identique au premier par sa constitution. Toutes les substances que nous avons énumérées ont pu être décelées dans l'un comme dans l'autre, et leurs proportions se trouvent également les mêmes. Nous renvoyons donc, pour l'étude de ce sédiment, à ce qui a été dit (pag. 103), relativement à celui de la source tempérée.

Quant à sa composition chimique, l'analyse suivante, effectuée sur de l'eau recueillie au griffon même, montre, comme nous l'avons déjà annoncé, qu'il y a identité complète entre cette source et celle qui a été précédemment étudiée :

Résultats de l'analyse.		*Analyse calculée.*	
Pour 1 litre d'eau.		Pour 1 litre d'eau.	
Acide carbonique.....	1,4590	Bicarbonate de soude....	0,3962
— sulfurique......	0,0152	— de potasse...	0,1878
— phosphorique...	0,0052	— de lithine...	traces.
— arsénique......	0,0002	— de chaux...	0,5655
— chlorhydrique...	0,0172	— de magnésie.	0,1900
— borique........	traces.	— de fer......	0,0229
Silice..............	0,0438	— de mangan..	traces.
Alumine...........	traces.	Chlorure de sodium.....	0,0276
Potasse............	0,0971	Sulfate de chaux........	0,0224
Soude..............	0,1817	Phosphate de soude.....	0,0064
Lithine.............	traces.	Arséniate de soude......	0,0004
Chaux..............	0,2291	Borate de soude........	traces.
Magnésie...........	0,0604	Sulfate de cuivre.......	traces.
Protoxyde de fer......	0,0105	Silice..............	0,0453
— de mangan .	traces.	Alumine.............	traces.
Oxyde de cuivre.....	traces.	Ac. crénique et apocr...	traces.
Ac. crénique et apocr.	traces.		1,4625

Oxygène...........	1^{cc},0	Ac. carb. libre. 0^{gr},638 = 324^{cc},6	
Azote.............	4^{cc},5	Oxygène..... »	1^{cc},0
		Azote........ »	4^{cc},5

Le poids du résidu fixe laissé par l'évaporation de l'eau offre une concordance remarquable avec celui des sels neutres calculé d'après les données précédentes. On obtient en effet :

Poids du résidu fixe............ = 1,0490
Poids des sels neutres calculé..... = 1,0519

Les différences qui existent entre ces résultats et ceux qui correspondent à l'ancienne source, ne présentent, comme on le voit, aucune importance, et l'on ne saurait douter de la commune origine de ces deux eaux minérales.

Il n'a pas été fait d'analyse de la nouvelle source antérieure à celle qui précède ; on peut cependant, d'après ce que nous venons de dire, considérer celle de MM. Audouard, Bernard et Martin, que nous avons reproduite, comme s'appliquant à cette source aussi bien qu'à la précédente.

Analyse des gaz. — La nouvelle source de Lamalou-le-Haut émet, avons-nous dit, en même temps que l'eau minérale, un énorme volume de gaz qui produit à son émergence un bouillonnement tumultueux. Une étude complète de ces gaz démontre qu'ils sont presque entièrement formés d'acide carbonique ; l'on y trouve seulement une petite proportion d'azote et quelques traces d'oxygène. Nous avons recherché avec le plus grand soin la présence de l'hydrogène sulfuré dans ces produits gazeux, sans avoir jamais pu en découvrir la moindre trace, en opérant même sur un volume de 60 litres de gaz. La méthode et les appareils employés dans ces recherches ont été décrits plus haut avec détail (page 49) ; sans y revenir ici, nous exposerons seulement les résultats de l'expérience.

Un litre de gaz spontanément émis par cette source contient :

	cc
Acide carbonique...................	995,0
Azote............................	4,5
Oxygène.........................	0,5
	1000,0

Ces gaz se perdent aujourd'hui sans utilité ; on a le projet d'en tirer parti, en installant à Lamalou–le–Haut les appareils nécessaires pour l'administration de douches gazeuses.

3. PETIT-VICHY. — La source du Petit-Vichy, connue autrefois sous le nom de *Source de Laveyrasse*, jaillit dans les schistes qui bordent la rive gauche du ruisseau de Lamalou. Le volume d'eau qu'elle émet est peu considérable, mais suffit amplement aux usages auxquels on la destine ; il présente d'ailleurs quelques variations qui semblent provenir d'un aménagement imparfait, et qui disparaîtront probablement dès qu'on aura empêché cette source de recevoir, après les orages, des filtrations d'eaux pluviales.

L'eau du Petit-Vichy est parfaitement limpide, très-gazeuse, d'une saveur acidule très-prononcée, légèrement styptique. Exposée au contact de l'air, elle abandonne de nombreuses bulles gazeuses, et ne laisse déposer un sédiment jaunâtre qu'au bout d'un temps assez long ; elle est susceptible de se conserver très-longtemps sans subir d'altération, dans des bouteilles bien bouchées. Ces différences que présente cette source avec la plupart de celles du vallon, tiennent à la petite proportion de fer qui entre dans sa composition ; on verra plus loin, en effet, que c'est la moins ferrugineuse de Lamalou.

L'ébullition donne lieu, comme dans les eaux minérales voisines, à la formation d'un précipité de carbonates terreux, et à un dégagement de gaz essentiellement composé d'acide carbonique avec un peu d'azote et d'oxygène.

Sa température est de 20° seulement, et ne présente aucune variation aux diverses époques de l'année. Le Petit-Vichy est, après la source de Lavernière, la plus fraîche de celles que nous avons étudiées.

Par sa composition chimique, le Petit-Vichy offre de grandes analogies avec les autres sources de Lamalou-le-Haut ; les différences essentielles que l'on observe consistent dans une proportion un peu plus élevée des carbonates alcalins, et dans une quantité beaucoup moins considérable de carbonate de fer. Le tableau suivant indique la composition de cette source, qui n'a présenté aucune variation du printemps à l'automne :

Résultats de l'analyse.   *Analyse calculée.*

Pour 1 litre d'eau.   Pour 1 litre d'eau.

Acide carbonique	1,5170	Bicarbonate de soude	0,5865
— sulfurique	0,0120	— de potasse	0,2011
— phosphorique	traces.	— de lithine	traces.
— arsénique	0,0002	— de chaux	0,5927
— chlorhydrique	0,0152	— de magnésie.	0,2165
— borique	traces.	— de fer	0,0060
Silice	0,0457	— de mangan.	traces.
Alumine	0,0008	Chlorure de sodium	0,0215
Potasse	0,1040	Sulfate de chaux	0,0204
Soude	0,2540	Phosphate de soude	traces.
Lithine	traces.	Arséniate de soude	0,0004
Chaux	0,2389	Borate de soude	traces.
Magnésie	0,0688	Sulfate de cuivre	traces.
Protoxyde de fer	0,0027	Silice	0,0457
— de mangan.	traces.	Alumine	0,0008
Oxyde de cuivre	traces.	Ac. crénique et apocr.	traces.
Ac. crénique et apocr.	traces.		1,8916
Oxygène	1cc,0	Ac. carb.libre.. 0gr,572 = 291cc,0
Azote	6cc,5	Oxygène	»	1cc,0
		Azote	»	6cc,5

La comparaison du poids du résidu fixe laissé par l'évaporation de l'eau avec celui des sels neutres calculé d'après les données précédentes, donne les résultats suivants :

Poids du résidu fixe................ 1,1450
Poids des sels neutres calculé....... 1,2131

La source du Petit-Vichy a été analysée en 1852, par M. O. Henry. Nous transcrivons ici les résultats de ce travail, publiés dans les *Bulletins de l'Académie de médecine*[1].

Acide carbonique libre.............	1/5 de vol. envir.
Bicarbonate de soude..............	0,562
— de potasse...............	0,186
— de chaux...............	0,525
— de magnésie...........	0,174
— de strontiane...........	indices.
— de fer, *peu*,..... évalué :	0,008
Sulfates alcalins et calcaires....... Chlorures alcalins et terreux...... }	0,101
Iodure et bromure...............	indic. un peu dout.
Silice........................ Alumine...................... Matière organique, *peu*.......... Principe arsenical, *très-sensible*.... Perte...................... }	0,090
	1,644

Il serait impossible d'établir une comparaison rigoureuse entre notre analyse et celle de M. O. Henry, dans laquelle plusieurs substances sont groupées ensemble et représentées par un seul nombre. Cependant, les deux analyses étant calculées en partant d'hypothèses semblables, il est

[1] *Bulletins de l'Académie de médecine*, tom. XVII, pag. 1153.

facile d'établir quelques rapprochements et d'apercevoir une concordance dans l'ensemble des résultats. Nous n'avons pu, dans aucune de nos recherches, mettre en évidence l'existence de l'iode ou du brome, sur laquelle M. O. Henry lui-même n'ose se décider positivement, et nous n'hésitons pas à conclure à son absence dans l'eau du Petit-Vichy comme dans toutes celles du vallon. Quant à la strontiane, si elle n'est pas indiquée dans notre analyse, cela tient à ce que nous n'avons pu caractériser cette substance par des réactions assez nettes pour admettre sa présence en proportion notable dans les eaux de Lamalou, et le mot *indice* indique encore trop. Nous avons pu toutefois trouver la strontiane et la baryte dans tous les sédiments des eaux du vallon, et il n'est pas douteux que ces substances n'existent primitivement en proportion infinitésimale dans les eaux elles-mêmes. Enfin le cuivre, qui n'est pas signalé par M. O. Henry, a pu être décelé dans la source du Petit-Vichy aussi nettement que dans toutes les autres, et sa présence est si facile à constater, que nous ne saurions conserver le moindre doute à cet égard.

4. Source de la Mine. — Cette source coule à une petite distance de la précédente, sur la rive gauche du ruisseau de Lamalou. Elle naît dans une ancienne galerie de mine et vient sortir par l'ouverture de cette galerie, après avoir parcouru un trajet probablement assez long à la surface du sol. Nous n'avons pu approcher du griffon de la source, et l'eau que nous avons recueillie et analysée avait sans doute subi quelques altérations dues à son refroidissement et à une perte d'acide carbonique.

Telle que. nous avons pu l'étudier, l'eau de cette source est limpide, fort peu gazeuse. Elle se trouble très-rapidement au contact de l'air en abandonnant un sédiment brunâtre, et se comporte à cet égard comme la buvette de Capus; ces deux sources sont toutefois fort différentes, et la plus grande analogie qui existe entre elles consiste dans la petite quantité d'acide carbonique libre qu'elles contiennent et dans une proportion assez élevée d'oxyde de fer, ce qui devient la cause d'une altération rapide. La saveur de cette eau est styptique et à peine acidule. Sa température est en moyenne de 22° à 23°; elle présente toutefois quelques écarts en plus ou en moins, écarts que l'on doit surtout attribuer aux influences que les variations atmosphériques exercent sur l'eau pendant son trajet à la surface du sol.

La source de la Mine se rapproche beaucoup, par sa composition chimique, des deux grandes sources de Lamalou-le-Haut; elle s'en distingue toutefois par une proportion de fer beaucoup plus élevée : elle contient, en effet, près de 5 centigrammes de bicarbonate de fer par litre, et se trouve, après Capus, la source la plus ferrugineuse du vallon. Les nombres suivants expriment la composition de cette eau minérale ; l'analyse a été effectuée sur de l'eau recueillie au mois de septembre [1].

[1] Un accident de laboratoire nous a fait perdre les dosages d'acide carbonique correspondant à cette source. Les conditions dans lesquelles elle jaillit, donnaient à cette détermination assez peu d'intérêt, pour que nous ayons cru pouvoir nous dispenser d'en faire une nouvelle. Nous dirons seulement que la source de la Mine, à en juger par des comparaisons, paraît être la moins gazeuze de toutes celles du vallon de Lamalou.

Résultats de l'analyse.	*Analyse calculée.*
Pour 1 litre d'eau.	Pour 1 litre d'eau.
Acide carbonique..... ?	Bicarbonate de soude.... 0,3675
— sulfurique...... 0,0553	— de potasse... 0,1832
— phosphorique... 0,0006	— de lithine... traces.
— arsénique...... 0,0002	— de chaux... 0,4425
— chlorhydrique. . 0,0124	— de magnésie. 0,1708
— borique......... traces.	— de fer...... 0,0484
Silice............. 0,0527	— de mangan.. traces.
Potasse............ 0,0947	Chlorure de sodium..... 0,0196
Soude.............. 0,1626	Sulfate de chaux....... 0,0940
Lithine............ traces.	Phosphate de soude..... 0,0012
Chaux............. 0,2108	Arséniate de soude...... 0,0004
Magnésie.......... 0,0545	Borate de soude........ traces.
Protoxyde de fer..... 0,0218	Sulfate de cuivre....... traces.
— de mangan. traces.	Silice................ 0,0527
Oxyde de cuivre..... traces.	Ac. crénique et apocr... traces.
Ac crénique et apocr.. traces.	1,3801
Oxygène........... 4cc,0	Acide carbonique libre... ?
Azote............. 11cc,0	Oxygène............. 4cc,0
	Azote.............. 11cc,0

Le poids des sels neutres calculé d'après les données précédentes, et celui du résidu fixe abandonné par l'évaporation d'un litre d'eau, présentent une concordance assez parfaite.

        Poids du résidu fixe............... 1,0430
        Poids des sels neutres calculé....... 1,0407

Il n'a pas été fait d'analyse de cette source antérieure à celle qui vient d'être exposée. Quoique peu abondant, ce filet d'eau minérale mériterait une attention particulière de la part des propriétaires; il serait utile de remonter à son origine et de le capter avec soin, afin de pouvoir disposer de l'eau naturelle. Il est probable que la proportion de fer qu'elle tient en dissolution serait plus considérable, et l'on pourrait peut-être, par un aménagement convenable, la rendre aussi importante et aussi utile que la buvette de Capus.

Tels sont les résultats de nos recherches sur les eaux minérales de Lamalou. Nous sommes heureux, en terminant cet exposé, de pouvoir remercier ici MM. Lamothe et Darbel, du concours qu'ils ont bien voulu nous prêter pendant toute la durée de ce long travail.

CHAPITRE IV.

ÉTUDE COMPARATIVE DES SOURCES DE LAMALOU.

Après avoir exposé les résultats de nos recherches sur chacune des sources de Lamalou, nous croyons utile de jeter un coup d'œil d'ensemble sur ce travail, afin de rendre plus sensibles les analogies et les différences qui existent entre elles. Pour faciliter cette étude, nous avons réuni dans deux tableaux tous les résultats de nos analyses : l'un renferme les quantités de bases et d'acides directement fournis par l'expérience ; l'autre contient les proportions des composés salins déterminés par le calcul.

La comparaison de ces analyses montre, de la manière la plus évidente, l'analogie extrême qui existe entre toutes les eaux du vallon. Toutes contiennent, en effet, les mêmes substances, et, si l'on excepte la buvette de Capus, on voit leur proportion n'éprouver que des variations peu considérables, et la somme des principes minéralisateurs rester à peu près la même. Quant à la source Capus, si elle diffère notablement des autres, c'est moins à cause de la nature des substances qui entrent dans sa composition, que par leur proportion relative et par la petite quantité d'éléments qu'elle renferme ; mais ces différences ne font que masquer les analogies, et cette source appartient géologiquement au même type que ses voisines.

L'arsenic existe dans toutes les eaux de Lamalou, et la quantité de cette substance paraît à peu près invariable. Cependant, sa faible proportion laisse quelques incertitudes sur l'exactitude des dosages qui ont été effectués, et l'on ne saurait conclure d'une manière absolue à cette identité. Nous pensons, au contraire, que la source de Lavernière et celle des bains du Capus sont, à cet égard, un peu plus riches que les autres. Le fer est aussi un élément constant dans les eaux de Lamalou, et il est toujours accompagné de traces de manganèse. Sa proportion est toutefois sujette à des variations relativement considérables, sur lesquelles nous aurons occasion de revenir tout à l'heure.

Les carbonates alcalins présentent aussi dans leur quantité quelques oscillations ; mais on voit toujours une proportion notable de potasse à côté de la soude, et la lithine paraît également constante dans toutes les sources du vallon. Quant aux sulfates et aux chlorures, ils ne s'y trouvent jamais qu'à très-petite dose, et c'est là un caractère assez remarquable de ces eaux minérales. Les acides borique et phosphorique existent dans toutes ; la buvette de Capus seule ne renferme pas de traces de phosphate. L'alumine, au contraire, est presque toujours absente ou seulement en quantité infiniment petite. La proportion des carbonates de chaux et de magnésie présente une fixité remarquable et n'est sujette qu'à de très-petites variations. Il n'est pas sans intérêt d'observer aussi l'absence complète du brome et de l'iode, qui ont été indiqués dans un si grand nombre de sources naturelles.

Enfin, un fait que l'on doit considérer comme assez important, et qui n'avait pas été signalé jusqu'ici, c'est la présence constante du cuivre dans les eaux de Lamalou. Quoique cette substance n'entre que pour une quantité infiniment petite dans leur composition, l'excessive activité des combinaisons de cuivre sur l'économie doit faire tenir compte de leur existence dans l'application médicale des eaux minérales, et peut-être pourrait-on attribuer à leur action des effets que ne saurait expliquer la nature des autres principes.

Quant aux diverses substances que nous avons signalées dans la plupart des sédiments, bien qu'elles n'aient pu être décelées dans les eaux elles-mêmes, on ne doit pas moins y admettre leur existence en dissolution; mais leur proportion infinitésimale exigerait, pour les découvrir, l'emploi d'un énorme volume d'eau. Il n'est pas douteux qu'on ne parvienne, en surmontant les difficultés matérielles qu'entraîneraient de semblables analyses, à démontrer dans ces eaux la présence du cobalt, du nickel, de la strontiane et de la baryte. On ne doit pas d'ailleurs s'étonner de voir apparaître ces substances dans les eaux minérales de Lamalou, si on considère la constitution géologique et miné-

ralogique du pays, sillonné par des quantités de filons
métallifères de toute nature.

Il est une question qui n'a pas encore été abordée dans
le cours de cette étude : c'est la place que les eaux de Lamalou doivent occuper dans la classification des eaux minérales. Un grand nombre de tentatives ont été faites pour
établir une classification méthodique des sources naturelles ;
mais aucune de celles qui ont été proposées n'est à l'abri de
reproches, et leur grand nombre prouve assez leur insuffisance. Il n'est pas, en effet, d'eaux minérales qui ne puissent, avec quelque raison, prendre rang dans plusieurs
classes ; la diversité des éléments qui entrent dans leur
composition, la prédominance de telle ou telle substance,
peuvent se combiner de mille manières pour compliquer
le problème, et assignent souvent à deux sources qui ont
des rapports naturels évidents, des places dans deux classes
éloignées. L'eau du Petit-Vichy, par exemple, qui est peu
ferrugineuse, est qualifiée par M. O. Henry, d'*eau acidulée
alcalino-terreuse et arsenicale* ; tandis que celle des bains
du Capus est, d'après le même auteur, une *eau ferrugineuse
alcalino-carbonatée et sensiblement arsenicale*. Ces deux
sources se trouvent ainsi placées dans deux groupes distincts,
quoiqu'on ne puisse méconnaître les analogies naturelles
qui les unissent, et les différences qui existent dans la proportion de fer qu'elles contiennent ne suffisent pas pour
justifier cette manière de voir. De plus, il arrive souvent
que le principe le plus important d'une eau minérale n'existe
qu'en proportion infiniment petite et peut exercer cependant
une action thérapeutique puissante, sans qu'on en tienne
compte dans une classification.

C'est ainsi que la plupart des méthodes proposées n'éta-
blissent pas de groupe distinct pour les eaux qui renferment du cuivre ou de l'arsenic, bien que ces substances
exercent, même à très-petite dose, une action autrement
puissante que celles qui servent généralement de base aux
classifications adoptées en hydrologie. Aussi est-on souvent
obligé, pour caractériser une eau minérale, de créer des
noms composés qui rappellent presque toutes les substances
qu'elles renferment, et qui, malgré cette complication, ne
donnent qu'une idée incomplète et souvent fausse de sa
véritable nature.

Sans nier toutefois l'utilité pratique de quelques grandes
divisions, telles que celles des eaux sulfureuses, ferrugineuses, etc., qui facilitent le langage médical ou géologique, nous ne saurions y attacher aucune importance
scientifique, et nous croyons qu'il n'est pas possible d'établir, sur les bases généralement adoptées, une classification
rationnelle des eaux minérales.

Les eaux de Lamalou, comme la plupart des sources
minérales, ont été qualifiées de bien des manières, selon
le point de vue où se sont placés les auteurs qui les ont
décrites. Nous croyons devoir nous borner à exposer ce que
l'expérience nous a appris sur leur constitution chimique,
sans discuter les places qu'elles peuvent occuper dans telle
ou telle classification hydrologique.

Après avoir fait ressortir les analogies naturelles qui
existent entre les sources qui nous occupent, il ne sera
pas sans intérêt d'étudier aussi les différences qu'elles présentent. Nous les diviserons, pour faciliter ce travail, en

deux groupes, selon qu'elles sont employées comme bains ou comme buvettes.

Sources employées en bains. — Parmi les nombreuses sources qui viennent d'être décrites, quatre seulement ont une température suffisamment élevée et sont assez abondantes pour alimenter des bains ; l'identité de composition qui existe entre deux d'entre elles, réduit même leur nombre à trois. Quoique liées par des analogies évidentes, ces eaux minérales présentent quelques différences qu'on ne saurait méconnaître ; et parmi celles-ci, les variations dans la température ont tout d'abord attiré l'attention des observateurs.

Malgré la simplicité de semblables déterminations, diverses opinions ont été émises à cet égard ; mais les divergences s'expliquent le plus souvent par l'imperfection des instruments employés, qui n'ont la plupart du temps été l'objet d'aucun contrôle. Nous réunissons ici les résultats de nos observations, dans lesquelles nous avons cherché à éloigner toute cause d'erreur.

Température au griffon.

Lamalou-le-Bas.....................		$37,0$?
Lamalou-le-Centre.................		$27,0$
Lamalou-le-Haut.. {	source chaude.....	$52,5$
	source tempérée....	$31,0$

Température moyenne dans les piscines.

Lamalou-le-Bas : grande source........		$34,2$
Lamalou-le-Centre : bains du Capus....		$31,0$
Lamalou-le-Haut.. {	source chaude.....	$31,8$
	source tempérée....	$29,0$

Comme on le voit par les nombres qui précèdent, il y a une quantité appréciable de chaleur perdue pendant le trajet que l'eau parcourt des griffons aux piscines. Il serait utile d'éviter, par l'emploi des moyens convenables, cette perte de calorique, ce qui pourrait augmenter encore les ressources de ces thermes. Quant aux bains du Capus, nous avons déjà dit que l'eau était artificiellement échauffée ; sa température peut donc varier selon les besoins.

Les différences relatives à la composition chimique de ces sources n'affectent guère que les proportions de quelques éléments et ne peuvent avoir, au point de vue médical, qu'une médiocre importance.

La quantité d'acide carbonique libre est plus faible à Lamalou-le-Bas qu'à Lamalou-le-Haut, et un peu plus considérable dans les bains du Capus que dans les deux autres. Il est à remarquer que ces variations sont liées à celles de la température, et que la source la plus froide est aussi la plus gazeuse. Toutefois on ne saurait établir de comparaison rigoureuse entre Lamalou-le-Bas et les autres stations, puisque l'eau analysée n'a pas été recueillie dans les mêmes conditions, et il n'est pas douteux que l'éloignement du griffon et la présence d'un bassin d'attente ne donnent lieu à une perte, peut-être considérable, dans le dosage des produits gazeux.

Les bicarbonates alcalins suivent une progression inverse à celle de l'acide carbonique libre. Sensiblement égale à Lamalou-le-Haut et à Lamalou-le-Centre, leur proportion augmente d'une manière notable à Lamalou-le-Bas, et cette différence est la plus importante que nous ayons à constater parmi les trois sources.

La proportion du fer, également sujette à quelques variations, s'accroît de Lamalou-le-Bas à Lamalou-le-Haut, où elle atteint son maximum. L'acide phosphorique suit sensiblement les mêmes variations que le fer.

L'arsenic et le cuivre sont des éléments constants dans ces trois sources, et leur proportion semble ne varier que dans d'étroites limites.

La chaux et la magnésie ne présentent que des différences sans importance, et leur quantité reste à peu près constante, quoiqu'un peu plus considérable à Lamalou-le-Bas.

Enfin, la somme des principes minéralisateurs qui entrent dans la composition des trois sources doit, d'après ce que nous venons de dire, être un peu plus considérable à Lamalou-le-Bas, et la différence est due principalement à la plus grande quantité de bicarbonates alcalins.

En résumé, les sources du haut et du centre, presque entièrement semblables entre elles, sont plus ferrugineuses et plus gazeuses que celle de Lamalou-le-Bas, qui est, au contraire, plus riche en bicarbonates alcalins et terreux.

Buvettes. — Les différences que nous venons de signaler dans les sources employées comme bains, se retrouvent dans les buvettes, où elles deviennent même beaucoup plus sensibles. Nous n'aurons pas à nous occuper ici des deux buvettes de Lamalou-le-Bas, qui ne sont que des dérivations de la grande source.

La température est très-variable d'une source à l'autre, sans qu'on puisse saisir de relations évidentes entre ces variations et la position géographique des sources dans le

vallon. Le Tableau suivant réunit les résultats de nos observations :

Température des buvettes.

Lavernière.........................	16,9
Capus.............................	25,0
Buvette Bourges...................	26,8
Petit-Vichy.......................	20,0
Source de la Mine.................	22,5

Toutes ces températures ont été prises au coulant des
buvettes et représentent très-approximativement celles des
griffons, excepté toutefois pour la source de la Mine, qui
coule probablement assez loin de son point d'émergence.

Les variations dans la proportion de l'acide carbonique
libre ne suivent pas rigoureusement celles de la température;
mais on ne saurait en tirer aucune conclusion logique, à cause
des imperfections qui existent dans l'aménagement de la
plupart de ces sources. Celle de Lavernière, qui est la plus
fraîche, est, il est vrai, une des plus gazeuses; mais la buvette
Bourges, qui est la plus chaude, est la plus riche en acide
carbonique. Celle du Petit-Vichy, quoique encore très-
chargée en produits gazeux, l'est cependant un peu moins
que les précédentes; enfin, Capus et la Mine ne viennent
qu'en dernière ligne sous ce rapport.

La quantité de bicarbonates alcalins présente des différences considérables dans les buvettes de Lamalou. A Lavernière, par exemple, elle s'élève à plus d'un gramme par
litre d'eau, tandis qu'elle n'est que de 15 centigrammes à
Capus. Entre ces limites extrêmes, on trouve des proportions intermédiaires au Petit-Vichy, à la buvette Bourges et
à la source de la Mine.

Les sels calcaires et magnésiens offrent une plus grande fixité, et sont à peu près constants dans les buvettes comme dans les autres sources. Il est toutefois à remarquer que l'eau de Lavernière est beaucoup plus chargée que toutes les autres en sulfate de chaux.

Le fer est un des éléments les plus variables dans les sources qui nous occupent. L'eau de Capus est, de toutes celles du vallon, la plus riche en sels de fer, et l'on voit cette substance diminuer progressivement dans celles de la Mine, de la buvette Bourges, de Lavernière et du Petit-Vichy, où l'on n'en trouve plus que des traces. Il n'est pas sans intérêt de remarquer, en passant, que les deux sources les moins gazeuses de Lamalou sont aussi les plus ferrugineuses.

L'arsenic et le cuivre paraissent distribués d'une manière uniforme dans les buvettes aussi bien que dans les sources employées comme bains.

La proportion des principes minéralisateurs considérés dans leur ensemble, suit les mêmes variations que les substances que nous venons d'énumérer; c'est ainsi que, relativement très-élevée à Lavernière, elle s'abaisse considérablement à Capus, et acquiert dans les autres sources des valeurs intermédiaires.

En résumé, chacune des sources employées comme buvette présente des caractères particuliers qui peuvent lui donner, au point de vue médical, des propriétés spéciales. Celle de Lavernière est très-gazeuse et la plus riche de toutes en bicarbonates de potasse et de soude; la proportion du fer y est aussi assez élevée. L'eau de Capus, au contraire, contient fort peu de carbonates alcalins, et une très-petite quantité de gaz ; elle est en même temps la plus ferrugineuse du vallon. La buvette Bourges réunit à une proportion élevée d'acide carbonique, une quantité considérable de fer. Le Petit-Vichy se distingue essentiellement par le peu de fer que l'on y trouve ; cette source est en échange très-gazeuse et assez riche en bicarbonates. Enfin, la source de la Mine a des analogies avec celle de Capus, par la proportion élevée de fer et la faible quantité de gaz qu'elle tient en dissolution ; mais elle s'en distingue nettement par la quantité plus considérable de bicarbonates alcalins, ce qui la rapproche de la buvette Bourges et du Petit-Vichy.

Quant aux sédiments abandonnés par les diverses sources de Lamalou, ils partagent avec celles-ci les analogies que nous avons signalées et ne présentent, selon les sources, que quelques différences peu importantes dans la proportion des substances qui les constituent.

CHAPITRE V.

PROPRIÉTÉS MÉDICALES DES EAUX DE LAMALOU.

Quoiqu'il n'entre pas dans notre sujet d'étudier dans tous ses détails l'action thérapeutique des eaux de Lamalou, nous devons, en finissant ce travail, dire un mot de leurs propriétés médicales et des heureuses applications qu'elles ont reçues dans le traitement de quelques maladies. Nous aurons ainsi l'occasion, dans cette étude, de signaler de nouvelles preuves des analogies qui existent entre les sources du vallon.

L'application thérapeutique des eaux de Lamalou est

presque aussi ancienne que la découverte des sources d'où elles jaillissent. Plusieurs observations montrent, en effet, les excellents résultats que l'on en retirait déjà, au xviie siècle, dans le traitement de l'affection rhumatismale. Ce n'est cependant que dans ces derniers temps qu'elles ont été l'objet d'une étude sérieuse, et, grâce aux travaux de MM. les docteurs Saisset, Dupré, Privat, Bourdel, Boissier, etc., qui ont analysé avec le plus grand soin leurs effets physiologiques, la science possède aujourd'hui des notions exactes sur leur mode d'action et sur les résultats qu'on peut en retirer dans le traitement de plusieurs états pathologiques. Un grand nombre d'observations recueillies dans les divers établissements du vallon, mettent hors de doute l'efficacité de ces thermes et montrent, de plus, que les effets produits par les bains des différentes sources sont, dans la plupart des cas, complètement identiques. Nous allons examiner successivement l'action des eaux de Lamalou administrées, soit à l'extérieur, soit à l'intérieur.

Le premier phénomène qui apparaisse sous l'influence des bains de Lamalou, consiste en un picotement à la peau, suivi d'une rougeur dont l'intensité peut varier selon les sujets. Cet effet n'est pas de longue durée, et il ne tarde pas à disparaître, à mesure que le bain se prolonge, pour faire place à un bien-être général accompagné |de la sensation que produirait le contact d'un corps légèrement huileux. Cette première impression, très-sensible lorsqu'on se plonge dans ces eaux pour la première fois, tend à diminuer quand les bains sont fréquemment renouvelés, et finit même par disparaître entièrement. La présence de l'acide carbonique libre dans ces eaux minérales explique assez

9

bien la production de ce phénomène, qui est, en effet, d'autant plus intense que les sources sont plus gazeuses; c'est ainsi que les eaux de Lamalou-le-Haut donnent lieu à un picotement plus considérable que celles de Lamalou-le-Bas, et on l'observe avec plus d'intensité encore aux bains du Capus, où il produit une sorte de crispation de la peau, qui se fait surtout ressentir sur les organes génitaux. L'é-lévation artificielle de la température favorise probablement cette action dans les eaux du Capus, en facilitant le déga-gement des gaz qu'elle tient en dissolution.

Une des actions les plus remarquables des eaux de Lamalou est celle qu'elles exercent sur la circulation. Dès les premiers instants du bain, celle-ci acquiert une plus grande activité, et le nombre des pulsations s'accroît gé-néralement de quatre à six par minute. Mais cet effet n'est que passager, et le pouls ne tarde pas à s'abaisser au-dessous de son rhythme normal, pour s'y maintenir pendant toute la durée du bain. L'habitude tend à supprimer la période d'accélération, qui ne se produit plus généralement après dix à douze bains; mais la sédation persiste toujours, et c'est là une des actions principales de ces eaux minérales.

La respiration subit aussi quelques modifications qui sont cependant moins nettes que les précédentes. On éprouve généralement, en entrant dans les piscines, un sentiment de gêne dans les mouvements respiratoires, qui ne tarde pas d'ailleurs à se dissiper. On en trouve faci-lement la cause dans la composition de l'atmosphère, qui est saturée d'humidité et qui renferme une proportion no-table d'acide carbonique fourni par l'eau elle-même.

Le système nerveux reçoit aussi sa part d'impressions par l'usage des bains de Lamalou, qui agissent comme un sédatif puissant chez l'homme sain ; mais, chez les malades atteints d'affections rhumatiques ou goutteuses, il n'est pas rare de voir les douleurs renaître ou s'exaspérer sous l'influence des premiers bains, et quelquefois même pendant toute la durée du traitement ; cependant l'action sédative apparaît bientôt, et la douleur ne tarde pas à céder.

Enfin, lorsque le nombre des bains est devenu suffisamment considérable, on voit se produire des effets toniques et antispasmodiques remarquables, qui se manifestent de diverses manières selon la nature des maladies, et qui amènent leur guérison.

De nombreuses observations recueillies dans les trois établissements de Lamalou, montrent l'efficacité incontestable de ces thermes, dans le traitement des diverses formes de l'affection rhumatismale, et des maladies nerveuses essentielles qui ne sont sous la dépendance d'aucune lésion organique. C'est ainsi que l'on pourrait citer un nombre considérable de guérisons dans des cas de rhumatismes articulaires aigus ou chroniques, et dans toutes les manifestations de cette affection protéiforme, dans des névralgies rebelles, des chorées, des hémiplégies et des paraplégies de natures diverses, etc. Elles produisent aussi des effets, merveilleux dans le traitement de la chlorose et de l'anémie, et guérissent comme par enchantement les diverses formes de cet état pathologique.

A quels principes chimiques doit-on attribuer les effets

des eaux de Lamalou? Quoique leur nature essentiellement ferrugineuse semble rendre compte de quelques-uns de ces effets, on ne saurait cependant expliquer leur action par celle des éléments qui la constituent considérés isolément. Leur mélange agit probablement d'une manière spéciale, et on ne doit pas oublier que, si les eaux minérales peuvent produire des effets multiples, elles agissent cependant comme unité, malgré la complexité de leur nature. Toujours est-il que les analogies chimiques qui existent entre les sources des trois établissements, sont confirmées par celle de leur action thérapeutique, et leur efficacité est la même dans le traitement des maladies semblables; toutefois, au milieu de ces analogies, le médecin dispose de quelques éléments variables : la température et la quantité d'acide carbonique libre.

L'action des eaux de Lamalou administrées à l'intérieur n'est pas moins importante que celle que nous venons d'étudier, et le médecin peut tirer de leur emploi, soit seul, soit combiné à celui des bains, des avantages incontestables.

Parmi les sources employées comme buvettes, la plus importante et la mieux étudiée est sans contredit celle de Capus, qui est de toutes la plus riche en sels de fer. Ingérée à la dose de quelques verres par jour, elle amène généralement, au début, de la pesanteur de tête et de l'embarras d'estomac; ces phénomènes semblent se produire avec plus d'intensité chez les hommes que chez les femmes. Ses effets purgatifs sont peu sensibles, à moins qu'on n'en fasse un usage exagéré; la faible proportion de ses principes minéralisateurs rend facilement compte de cette différence d'ac-

tion selon les doses. Enfin, après quelques jours de traitement, les malades ne tardent pas à éprouver une tonification
des plus puissantes, qui se traduit de diverses manières
selon la nature des états pathologiques. C'est ainsi que la
chlorose est très-rapidement modifiée et ne résiste que fort
rarement à l'usage des eaux de Capus. Les écoulements
utérins ou les flux hémorrhoïdaux excessifs, quelques diar-
rhées opiniâtres, des leucorrhées rebelles, en un mot toutes
les affections morbides qui ont pour cause une atonie,générale
ou partielle, cèdent avec la plus grande facilité à l'usage
convenablement dirigé des eaux de cette source, qui produisent dans ces cas des effets merveilleux.

Toutes les autres buvettes du vallon présentent des propriétés médicales analogues par leur ensemble à celles de la
source de Capus, et n'en diffèrent essentiellement que par
l'intensité de leur action. Les différentes proportions de fer
qui entrent dans leur composition, mettent en effet entre
les mains du médecin une série de médicaments de la même
nature, mais d'une activité variable, dont il peut graduer
progressivement les effets, en les employant successivement
chez des malades d'une trop grande susceptibilité pour sup-
porter sans préparation l'usage des eaux de Capus. Toutefois,
les variations que l'on observe dans la composition chimique, se traduisent par quelques différences dans les effets
thérapeutiques; c'est ainsi que la quantité beaucoup plus
considérable d'acide bicarbonique libre qui existe dans la
plupart de ces sources, rend leur digestion beaucoup plus
facile, et leur usage habituel pendant les repas produit les
plus heureux effets chez les estomacs paresseux qui ne digè-

rent qu'avec peine. De même, la proportion plus élevée des bicarbonates alcalins augmente d'une manière très-sensible leur action sur le tube intestinal ; l'eau de Lavernière, par exemple, agit souvent comme un purgatif assez puissant, et l'on retrouve cette propriété avec des intensités variables dans les autres buvettes.

Telles sont, dans leur ensemble, les propriétés thérapeutiques des eaux de Lamalou. Notre but a été de donner, dans ce court exposé, un simple aperçu de leur action médicale ; nous renvoyons, pour plus de détails, aux excellents travaux de M. le professeur Dupré et de M. le docteur Privat sur les eaux de Lamalou-le-Bas, et à la thèse de M. le docteur Boissier sur celles de Lamalou-le-Haut.

TABLE DES MATIÈRES

Proportion des composés salins attribués par le calcul à un litre d'eau de chacune des sources de LAMALOU.

	LAVERNIÈRE.	LAMALOU-LE-BAS.			LAMALOU-LE-CENTRE.			LAMALOU-LE-HAUT.			
		Grande source.	Petite source.	Source Cardinal.	Capus.	Bains du Capus.	Buvette Bourges.	Ancienne source.	Nouvelle source.	Petit-Vichy.	La Mine.
Bicarbonate de soude	1,1702	0,7016	0,6675	0,7779	0,0813	0,4495	0,4744	0,3172	0,3962	0,5865	0,3673
— de potasse	0,1574	0,2164	0,2182	0,2027	0,0768	0,1424	0,1551	0,1994	0,1878	0,2011	0,1832
— de lithine	traces	traces	traces	traces	traces	traces	traces	traces	traces	traces	traces
— de chaux	0,5729	0,7781	0,7632	0,7386	0,0977	0,5891	0,6210	0,6228	0,5655	0,5927	0,4425
— de magnésie	0,2448	0,2829	0,2722	0,2996	0,0758	0,1979	0,2020	0,1960	0,1900	0,2165	0,1708
— de fer	0,0144	0,0102	0,0101	0,0101	0,0780	0,0180	0,0220	0,0229	0,0229	0,0060	0,0484
— de manganèse	traces	traces	traces	traces	traces	traces	traces	traces	traces	traces	traces
Chlorure de sodium	0,0312	0,0255	0,0266	0,0258	0,0020	0,0229	0,0164	0,0254	0,0276	0,0215	0,0196
Sulfate de chaux	0,2207	0,0362	0,0413	0,0393	0,0665	0,0488	0,0408	0,0286	0,0224	0,0204	0,0940
Phosphate de soude	0,0056	0,0030	0,0028	0,0030	»	traces	traces	0,0056	0,0064	traces	0,0012
Arséniate de soude	0,0004	0,0004	0,0004	0,0004	0,0004	0,0004	0,0004	0,0004	0,0004	0,0004	0,0004
Borate de soude	traces	traces	traces	traces	traces	traces	traces	traces	traces	traces	traces
Sulfate de cuivre	traces	traces	traces	traces	traces	traces	traces	traces	traces	traces	traces
Silice	0,0287	0,0525	0,0490	0,0495	0,0232	0,0225	0,0285	0,0445	0,0433	0,0457	0,0527
Alumine	0,0020	»	»	»	»	traces	traces	traces	traces	0,0008	»
Acides crénique et apocrénique.	traces	traces	traces	traces	traces	traces	traces	traces	traces	traces	traces
Somme des sels dissous	2,4483	2,1068	2,0513	2,1469	0,5017	1,4915	1,5606	1,4628	1,4625	1,8916	1,3801
Acide carbonique libre	450cc,0	204cc,0	360cc,8	192cc,0	73cc,7	393cc,3	472cc,2	324cc,0	324cc,6	291cc,0	?
Oxigène	3cc,0	2cc,0	2cc,0	2cc,0	1cc,5	0cc,5	2cc,5	2cc,5	1cc,0	1cc,0	4cc,0
Azote	9cc,0	14cc,7	10cc,1	12cc,5	13cc,2	6cc,0	6cc,5		4cc,5	6cc,5	11cc,0

Proportion des bases et des acides contenus dans un litre d'eau de chacune des sources de LAMALOU.

	LAVERNIÈRE.	LAMALOU-LE-BAS.			LAMALOU-LE-CENTRE.			LAMALOU-LE-HAUT.			
		Grande source.	Petite source.	Source Cardinal.	Capus.	Bains du Capus.	Buvette fleurgès.	Ancienne source.	Nouvelle source.	Petit-Vichy	La Mine.
Acide carbonique............	2,1721	1,5900	1,8620	1,6030	0,4216	1,6240	1,8320	1,4460	1,4590	1,5170	?
— sulfurique.............	0,1298	0,0219	0,0243	0,0231	0,0391	0,0287	0,0340	0,0161	0,0132	0,0120	0,0553
— phosphorique.........	0,0028	0,0015	0,0014	0,0015	»	traces	traces	0,0028	0,0032	traces	0,0006
— arsénique............	0,0002	0,0002	0,0002	0,0002	0,0002	0,0002	0,0002	0,0002	0,0002	0,0002	0,0002
— chlorhydrique.........	0,0193	0,0158	0,0163	0,0164	0,0012	0,0142	0,0102	0,0157	0,0172	0,0132	0,0124
— borique..............	traces	traces	traces	traces	traces	traces	traces	traces	traces	traces	traces
Silice.....................	0,0287	0,0525	0.0490	0,0495	0,0232	0,0225	0,0285	0,0445	0,0438	0,0457	0,0527
Alumine...............	0,0020	»	»	»	»	traces	traces	traces	traces	0,0008	»
Potasse....................	0,0814	0,1119	0,1128	0,1048	0,0397	0,0736	0,0802	0,1031	0,0971	0,1040	0,1626
Soude.....................	0,5030	0,3051	0,2936	0,3286	0,0440	0,1858	0,1961	0,1473	0,1817	0,2540	0,0947
Lithine...................	traces	traces	traces	traces	traces	traces	traces	traces	traces	traces	traces
Chaux....................	0,3137	0,3179	0,3138	0,3034	0,0376	0,2492	0,2583	0,2547	0,2291	0,2389	0,2108
Magnésie............	0,0778	0,0899	0,0865	0,0952	0,0241	0,0629	0,0642	0,0623	0,0604	0,0688	0,0543
Protoxyde de fer...........	0,0065	0,0046	0,0045	0,0045	0,0351	0,0081	0,0099	0,0103	0,0103	0,0027	0,0218
— de manganèse.....	traces	traces	traces	traces	traces	traces	traces	traces·	traces	traces	traces
Oxyde de cuivre............	traces	traces	traces	traces	traces	traces	traces	traces	traces	traces	traces
Acides crénique et apocrénique.	traces	traces	traces	traces	traces	traces	traces	traces	traces	traces	traces
Oxigène..................	3cc,0	2cc,0	2cc,0	2cc,0	1cc,5	traces	0cc,5	2cc,5	1cc,0	1cc,0	4cc,0
Azote...................	9cc,0	14cc, 7	10cc,1	12cc,5	13cc,2	6cc,0	6cc,5	4cc,5	6cc,5	11cc,0

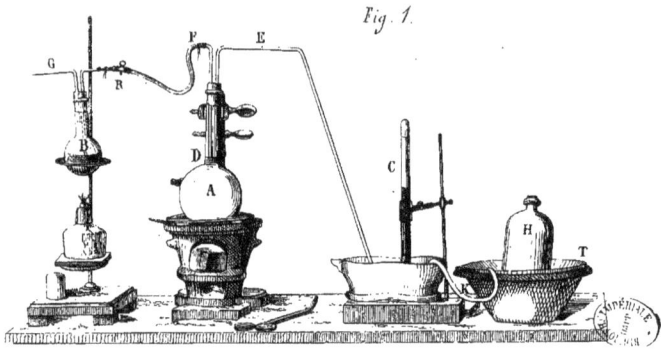

Fig. 1.

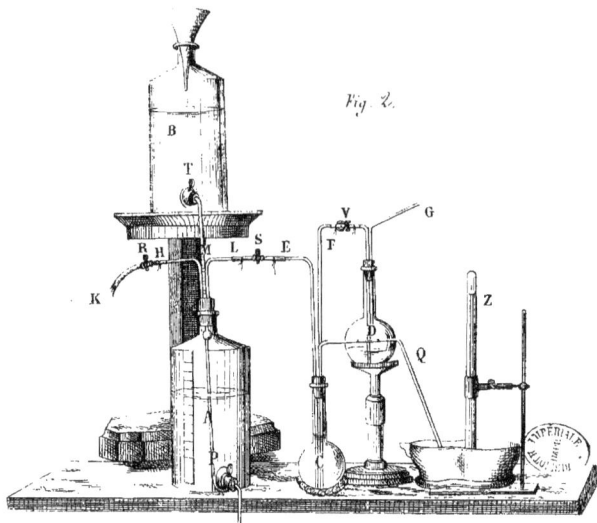

Fig. 2.

www.ingramcontent.com/pod-product-compliance
Lightning Source LLC
Chambersburg PA
CBHW062012200326
41519CB00017B/4779